高等院校课程设计案例精编

计算机网络安全与管理

经典课堂

李 林 李 勇 主编

清华大学出版社
北京

内 容 简 介

随着计算机网络的迅猛发展，计算机网络的安全问题已经越来越突出。作为个人用户如何才能防范这日益严峻的问题？本书将从计算机网络安全的概念入手，通过打造一个安全的实验环境，对截获信息、局域网攻击、病毒、木马、加密、解密、远程控制等威胁进行分析，找到解决问题的方法。同时，还介绍了网络安全设置及备份与还原等知识。

通过对本书的学习，将使读者对网络安全问题有一个全方位的了解，并培养读者发现问题、解决问题的能力。不仅能预防、解决危害，还可以利用原理，加强网络应用能力。本课程仅用于学习交流，禁止用于非法攻击。

本书内容选材得当、结构清晰、图文并茂、浅显易懂，适合作为本、专科院校相关专业的教材，也可作为各类计算机培训班以及广大网络爱好者的参考用书。

图书在版编目(CIP)数据

计算机网络安全与管理经典课堂 / 李林，李勇主编. —北京：清华大学出版社，2020.8
高等院校课程设计案例精编
ISBN 978-7-302-55646-6

Ⅰ. ①计… Ⅱ. ①李… ②李… Ⅲ. ①计算机网络—安全技术—课程设计—高等学校—教学参考资料
Ⅳ. ①TP393.08

中国版本图书馆CIP数据核字(2020)第101116号

责任编辑：李玉茹
封面设计：张　伟
责任校对：鲁海涛
责任印制：杨　艳
出版发行：清华大学出版社
　　　　　网　　　址：http://www.tup.com.cn，http://www.wqbook.com
　　　　　地　　　址：北京清华大学学研大厦A座　　　　　邮　　编：100084
　　　　　社 总 机：010-62770175　　　　　邮　　购：010-62786544
　　　　　投稿与读者服务：010-62776969，c-service@tup.tsinghua.edu.cn
　　　　　质量反馈：010-62772015，zhiliang@tup.tsinghua.edu.cn
印 装 者：小森印刷（北京）有限公司
经　　销：全国新华书店
开　　本：185mm×260mm　　　　印　　张：18.25　　　　字　　数：440千字
版　　次：2020年8月第1版　　　　印　　次：2020年8月第1次印刷
定　　价：79.00元

产品编号：087147-01

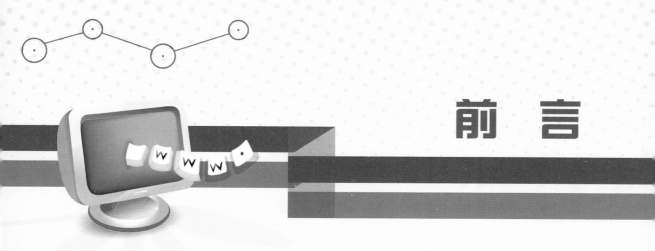

前 言

经典课堂系列新成员

继设计类经典课堂上市后，我们又根据读者的需求组织具有丰富教学经验的一线教师、网络工程师、软件开发工程师、IT 经理共同编写了以下图书作品：

《计算机网络安全与管理经典课堂》

《局域网组建与维护经典课堂》

《计算机组装与维护经典课堂》

《ASP.NET 程序设计与开发经典课堂》

《C# 程序设计与开发经典课堂》

《SQL Server 数据库开发与应用经典课堂》

《Oracle 数据库管理与应用经典课堂》

《Java 程序设计与开发经典课堂》

为什么要学这些课程？

随着科技的飞速发展，计算机市场发生了翻天覆地的变化，硬件产品不断更新换代，应用软件也得到了长足发展，应用软件不仅拓宽了计算机系统的应用领域，还放大了硬件的功能。那些用于开发应用软件的基础语言便成为大家热烈追求的对象，如 3D 打印、自动驾驶、工业机器人、物联网等人工智能都离不开这些基础学科的支持。

问：学计算机组装与维护的必要性是什么？

答：计算机硬件设备正朝着网络化、微型化、智能化方向发展，不仅计算机本身的外观、性能、价格越来越亲民，而且它的信息处理能力也将更强大。计算机组装与维护是一门追求动手能力的课程，读者不仅要掌握理论知识，还要在理论的指导下亲身实践，掌握这门技能后，将为后期的深入学习奠定良好的基础。

问：学网络安全有前途吗？

答：目前，网络和 IT 已经深入日常生活和工作当中，网络速度飞跃式的增长和社会信息化的发展，突破了时空的障碍，使信息的价值不断提高。与此同时，网页篡改、计算机病毒、系统非法入侵、数据泄密、网站欺骗、漏洞非法利用等信息安全事件时有发生，这就要求有更多的专业人员对网络进行维护。

问：一名合格的程序员应该学习哪些语言？

答：一名合格的程序员需要学习的程序语言包含 C#、Java、C++、Python 等，要是能成为一名多语言开发人员将是十分受欢迎的。学习一门语言或开发工具，语法结构、功能调用是次要的，最主要的是学习它的思想，有了思想，才可以触类旁通。

问：没有基础如何学好编程？

答：其实，最重要的原因是你想学！无论是作为业余爱好还是作为职业，无论是有基础还是没有基础，只要认真去学，都会让你很有收获。需要强调的是，要从基础理论知识学起，只有深入理解这些概念（如变量、函数、条件语句、循环语句等）的语法、结构，吃透列举的应用示例，才能建立良好的程序思维，做到举一反三。

系列图书的主要特点

(1) 结构合理，从课程教学大纲入手，从读者的实际需要出发，内容由浅入深，循序渐进，逐步展开，具有很强的针对性。

(2) 用语通俗，在讲解过程中安排更多的示例进行辅助说明，理论联系实际，注重实用性和可操作性，以使读者快速掌握知识点。

(3) 易教易学，每章最后都安排了有针对性的练习题，读者在学习前面知识的基础上，可以自行跟踪练习，同时也达到了检验学习效果的目的。

(4) 配套齐全，包含书中所有的代码及实例，读者可以直接参照使用。同时，还包含书中典型案例的视频录像，这样读者便能及时跟踪模仿练习。

获取同步学习资源

本书由李林(开封大学)、李勇(郑州轻工业大学)主编，其中李林老师编写了第1~5章，李勇老师编写了第6~9章。同时，感谢清华大学出版社的所有编审人员为本书的出版所付出的辛勤劳动。作者在编写过程中力求严谨细致，但由于水平有限，书中难免会有错误和疏漏之处，恳请广大读者给予批评指正。

本书配套教学资源请扫描此二维码获取：

适用读者群体

(1) 本、专科院校的老师和学生。

(2) 相关培训机构的老师和学员。

(3) 步入相关工作岗位的"菜鸟"。

(4) 各企事业单位网管人员。

(5) 程序测试及维护人员。

(6) 程序开发爱好者。

(7) 初、中级数据库管理员或程序员。

CONTENTS

计算机网络安全概述

第1章

内容导读

　　今天，以互联网技术为代表的各种数字化应用已经渗透并影响到人们生活的方方面面。而随着网络的发展，计算机网络的安全问题成了新的热点，甚至关系到一个国家的政治、军事、经济等重要领域的安全和稳定。因此，提高对网络安全重要性的认识，增强防范意识，强化防范措施，是保证信息产业持续稳定发展的重要保障和前提条件。

　　本章将重点介绍计算机网络安全现状、面临的主要威胁、计算机网络安全内容等知识。

1.1　计算机网络安全现状

现在，整个社会进入了一个互联网广泛应用的全新时代，网络技术及应用全面地影响和改变着人们的生活，网络已经成为人们工作和生活不可缺少的一部分，并已经深入到生活的各个方面。但随之而来的，计算机网络安全也受到前所未有的威胁：一旦网络受到攻击而不能正常工作，很多企业和部门就会陷入瘫痪。

网络安全离我们的生活并不是特别远，最近几年发生了很多重大网络安全事故。

1. 网络间谍活动公之于世

2013 年 6 月曾经参加美国安全局网络监控项目的斯诺登披露"棱镜事件"：美国秘密利用超级软件监控网络、电话或短信，包括谷歌、雅虎、微软、苹果、Facebook、美国在线、PalTalk、Skype、YouTube 九大公司帮助提供漏洞参数、开放服务器等，使其轻而易举地监控有关国家机构或上百万网民的邮件、即时通话及相关数据等，如图 1-1 所示。

图 1-1　"棱镜事件"披露者爱德华·斯诺登

2. 金融网络安全引发担忧

孟加拉央行 8100 万美元巨款失窃，厄瓜多尔 Banco del Austro 银行约 1200 万美元被盗，越南先锋银行也被曝出黑客攻击未遂等。近一年来黑客利用 SWIFT 系统漏洞入侵了一家又一家金融机构。俄罗斯也赶上了 2016 年的末班车，其中央银行遭黑客攻击，3100 万美元不翼而飞。

3. 大规模网络设备故障

2016 年 11 月，德国电信遭遇一次大范围的网络故障，2000 万固定网络用户中的大约 90 万路由器发生故障 (约 4.5%)，并由此导致大面积网络访问受限。德国电信进一步确认了问题是由于路由设备的维护界面被暴露在互联网上，并且互联网上正在发生有针对性的攻击而导致。

4. 网站瘫痪

恶意软件 Mirai 控制的僵尸网络对美国域名服务器管理服务供应商 Dyn 发起 DDoS 攻击，从而导致许多网站的服务器在美国东海岸地区宕机，如 GitHub、Twitter、PayPal 等，用户无法通过域名访问这些站点。感染范围如图 1-2 所示。

图 1-2　Mirai 僵尸网络感染范围示意图

5. 勒索病毒全面爆发

2017 年 5 月，勒索病毒全面爆发，据卡巴斯基统计，在十几个小时内，全球共有 74 个国家的至少 4.5 万台计算机中招。此类敲诈（勒索）病毒，在一定时间内持续攻击用户计算机，一旦攻击成功，造成的损失无法抵挡，需要支付大额赎金才能恢复数据，如图 1-3 所示。当然也不排除支付赎金后被骗的情况发生。

图 1-3　勒索病毒勒索提示

2017 年 5 月 12 日，WannaCry 蠕虫通过 MS17-010 漏洞在全球范围大爆发，感染了大量的计算机，该蠕虫感染计算机后会向计算机中植入敲诈者病毒，导致计算机大量文件被加密。受害者计算机被黑客锁定后，病毒会提示支付价值相当于 300 美元的比特币才可解锁。

2017 年 5 月 13 日晚间，由一名英国研究员于无意间发现的 WannaCry 隐藏开关 (Kill Switch) 域名，意外地遏制了病毒的进一步大规模扩散。

2017 年 5 月 14 日，监测发现，WannaCry 勒索病毒出现了变种：WannaCry 2.0，与之前版本不同的是，这个变种取消了 Kill Switch，不能通过注册某个域名来关闭变种勒索病毒的传播，该变种传播速度可能会更快。广大网民需要尽快升级，安装 Windows 操作系统相关补丁，已感染病毒机器要立即断网，才能避免进一步传播感染。

6. Reaper 僵尸网络病毒

Reaper 僵尸网络病毒的主要攻击对象为连接到互联网的监控摄像和拍照录影设备，其病毒扩散程度规模宏大，在不知不觉中让计算机被指挥和利用。此类僵尸网络危害极大，在一定程度上传播木马程序到主机，再继续扩散，形成一个大面积僵尸网络群，危害指数非常高，如图 1-4 所示。

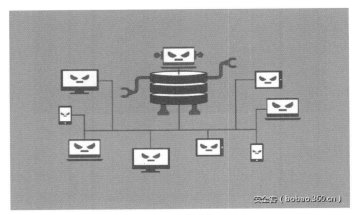

图 1-4　僵尸病毒感染范围广

7. 信息泄露屡创历史新高

信息泄露屡创新高，2017 年，仅上半年泄露或被盗的数据 (19 亿条)，就已经超过了 2016 年全年被盗数据总量，全年超过 50 亿条。其中，仅雅虎一家就达到了 30 亿条，如图 1-5 所示。

图 1-5　雅虎数据泄露通知

8. 电子邮件安全事件

2017 年腾讯安全通报一起大范围钓鱼邮件攻击事件，52 个国家的网站被利用，近 3 万家中国企业受影响，如图 1-6 所示。

图 1-6　警惕电子邮件钓鱼

9. 漏洞数量增长史无前例

CNNVD 公布的漏洞数量为 14 748 个，2016 年全年的漏洞总数为 8753 个，年增长率上升至少 70%。而自 CNNVD 正式统计漏洞数量以来，从 2010 年至 2016 年，增长率最高才为 20%，如图 1-7 所示。

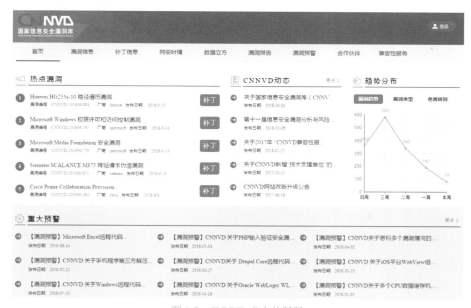

图 1-7　CNNVD 公布的漏洞

Cisco IOS&IOS XE Software CMP 出现远程代码执行漏洞 (CVE-2017-3881)，允许未授权访问，远程攻击者可以重启设备、执行代码、提升权限等。

苹果设备 WiFi 芯片出现任意代码执行缓冲区溢出漏洞，该漏洞影响 iPhone 5 及以上版本，iPad 4 代及更新机型，还有 iPod touch 6 代及更新版本等。

1.2 网络安全面临的威胁

互联网是对全世界都开放的网络，任何单位或个人都可以在网上方便地传输和获取各种信息，如图 1-8 所示。互联网这种具有开放性、国际性、自由性的特点对计算机网络安全提出了挑战。互联网的不安全性与互联网络的特性有关。

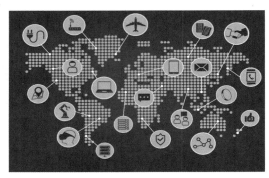

图 1-8　全球网络化

1. 网络的开放性

网络技术是全开放的，使得网络所面临的攻击来自多方面，或是来自物理传输线路的攻击，或是来自对网络协议的攻击，以及对计算机软件、硬件的漏洞实施攻击等。

2. 网络的国际性

网络的国际性意味着对网络的攻击不仅是来自于本地网络的用户，还可以是互联网上其他国家的黑客，所以，网络的安全性面临着国际化的挑战。

3. 网络的自由性

大多数的网络对用户的使用没有技术上的约束，用户可以自由地上网、发布和获取各类信息。

1.2.1 网络面临的主要安全威胁

对计算机网络构成不安全的因素及产生的原因多种多样，从广义上来说，有人为因素、自然因素等；从目的性来说，有利益驱使、炫耀技术、企业竞争等。下面介绍一些主要的安全问题影响因素。

1. 物理安全问题

除了物理设备本身的问题外，物理设备安全问题还包括设备的位置安全、限制物理访问、物理环境安全和地域因素等。物理设备的位置极为重要，所有基础网络设施都应该放置在严格限制来访人员的地方，如图 1-9 所示，以降低出现未经授权访问的可能性。同时，还要注意严格限制对接线柜和关键网络基础设施所在地的物理访问。物理设备也面临着环境方面的威胁，这些威胁包括温度、湿度、灰尘、供电系统对系统运行可靠性的影响，由于电子辐射造成信息泄露以及自然灾害对系统的破坏等。

2. 方案设计的缺陷

由于实际中网络的结构往往比较复杂，包含星形、总线形和环形等各种拓扑结构，结构的复杂给网络系统管理拓扑设计带来很多问题，如图 1-10 所示。为了实现异构网络间信息的通信，往往要牺牲一些安全机制的设置和实现，从而提出更高的网络开放性要求。

图 1-9 专业网络机房

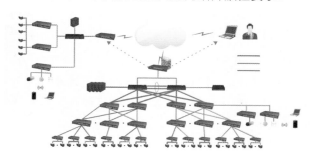

图 1-10 网络结构设计

3. 安全漏洞

随着软件系统规模的不断扩大，系统中存在安全漏洞或后门也不可避免，比如常用的 Windows 系统存在一些安全漏洞，各类服务器、浏览器、数据库等都被发现存在过安全隐患，可以说任何一个软件系统都可能会因为程序员的一个疏忽、设计中的一个缺陷等原因而存在漏洞，这也是网络安全问题的主要根源之一，如图 1-11 所示。

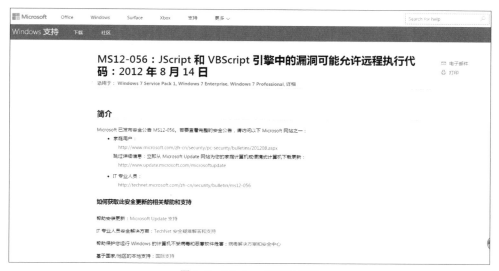

图 1-11 Windows 漏洞及说明

4. 人的因素

人的因素包括人为无意的失误和人为的恶意攻击等；网络建设单位、管理人员和技术人员缺乏安全防范意识，没有采取主动的安全措施加以防范等；网络管理人员和技术人员缺乏必要的专业安全知识，不能安全地配置和管理网络，不能及时发现已经存在的和随时可能出现的安全问题，对突发的网络安全事件不能做出积极有序和有效的反应等。

1.2.2 网络威胁的主要形式

网络威胁造成的危害是有目共睹的，而网络威胁的主要因素及主要表现形式如下。

1. 病毒、木马程序

病毒和木马程序可以直接侵入用户的计算机并进行破坏，它常被伪装成工具程序或者游戏等诱使用户打开，或者将含有木马程序的邮件附件从网上直接下载，一旦用户打开了这些邮件的附件或者执行了这些程序，它们就会像古特洛伊人在敌人城外留下的藏满士兵的木马一样留在自己的计算机中，并在自己的计算机系统中隐藏一个可以在 Windows 启动时悄悄执行的程序。当计算机连接到因特网上时，这个程序就会通知黑客，并报告用户 IP 地址以及预先设定的端口。黑客收到这些信息后，利用这个潜伏的程序，就可以任意地修改计算机的参数设定、复制文件、窥视整个硬盘中的内容等，从而达到控制计算机及窃取财产的目的，如图 1-12 所示。

图 1-12　病毒危害

2. 系统漏洞

操作系统是由数以万计的文件构成的，庞大的数量意味着繁多的功能，功能一多必将导致种种安全漏洞的产生。由于每个系统或多或少都会存在这样或那样的漏洞，所以黑客们入侵计算机系统时，总会先查找有无系统漏洞以方便进入。

此外，漏洞不仅仅来源于 Windows 等系统，如果其他软件使用不当，也可能会导致漏洞的出现。比如，服务器的安全配置很好，但是安装的 FTP 服务器软件却有漏洞，这也会间接导致服务器被黑客入侵。

虽然系统漏洞在出现后很快就会有补丁可供下载，如图 1-13 所示，但是往往人为因素会导致无法更新补丁、无法检测漏洞等情况发生。

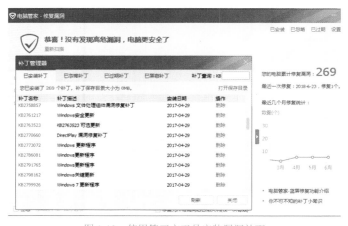

图 1-13　使用第三方工具安装漏洞补丁

3. 后门程序

由于程序员设计一些功能复杂的程序时，一般采用模块化的程序设计思想，将整个项目分割为多个功能模块，分别进行设计、调试，这时的后门就是一个模块的秘密入口。在程序开发阶段，后门便于测试、更改和增强模块功能。正常情况下，完成设计之后需要去掉各个模块的后门，不过有时由于疏忽或者其他原因（如将其留在程序中，便于日后访问、测试或维护），后门没有去掉，一些别有用心的人会利用穷举搜索法发现并利用这些后门，然后进入系统并发动攻击，如图 1-14 所示。

4. 信息炸弹

信息炸弹是指使用一些特殊工具软件，短时间内向目标服务器发送大量超出系统负荷的信息，造成目标服务器超负荷、网络堵塞、系统崩溃的攻击手段。比如向未打补丁的 Windows 系统发送特定组合的 UDP 数据包，会导致目标系统死机或重启；向某型号的路由器发送特定数据包致使路由器死机；向某人的电子邮箱发送大量的垃圾邮件将此邮箱"撑爆"等。目前常见的信息炸弹有邮件炸弹、逻辑炸弹等，现在又出现了微信群炸弹，即向微信群发出大量信息，导致点开这个内容时，系统性能短时间被大量消耗，从而出现卡屏或软件崩溃等。如图 1-15 所示，可以让群失去作用，手机瘫痪。

图 1-14　日志记录的安全

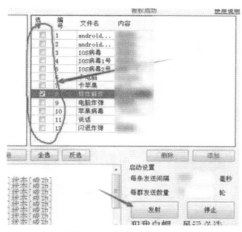

图 1-15　微信群炸弹

5. 拒绝服务

拒绝服务又叫分布式 DoS 攻击，它是使用超出被攻击目标处理能力的大量数据包消耗系统可用系统、带宽资源，最后致使网络服务瘫痪的一种攻击手段。作为攻击者，首先需要通过常规的黑客手段侵入并控制某个网站，然后在服务器上安装并启动一个可由攻击者发出的特殊指令来控制的进程，攻击者把攻击对象的 IP 地址作为指令下达给进程的时候，这些进程就开始对目标主机发起攻击。这种方式可以集中大量的网络服务器带宽，对某个特定目标实施攻击，因而威力巨大，顷刻之间就可以使被攻击目标带宽资源耗尽，导致服务器瘫痪。现在已经有了 DDoS 攻击检测系统，如图 1-16 所示。

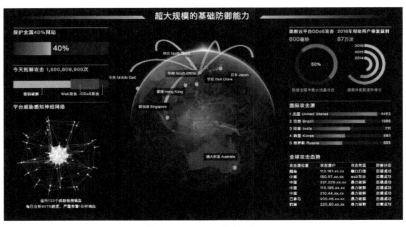

图 1-16　DDoS 攻击检测

6. 密码破解

密码破解当然也是黑客常用的攻击手段之一，一般有暴力猜解和键盘记录等方式。黑客使用编译好的程序对目标进行有穷枚举，从而获取安全性较低的服务器中存储的管理员或用户信息，如图 1-17 所示，从而达到获取利益的目的。

7. 通信协议固有缺陷

网络协议的原旨是实现终端间的通信过程，因此，网络协议中的安全机制是先天不足的，这就为利用网络协议的安全缺陷实施攻击提供了渠道。如 SYN 泛洪攻击、源 IP 地址欺骗攻击、地址解析协议欺骗攻击等，如图 1-18 所示。

图 1-17　RAR 密码破解

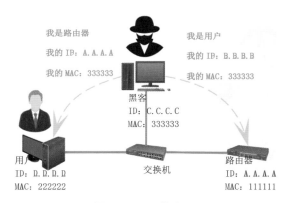

图 1-18　ARP 欺骗

8. 软、硬件固有缺陷

上面提到的操作系统漏洞就属于该类型。除了操作系统漏洞，还有网络设备等的固件漏洞、应用软件的漏洞等，都会被恶意者利用，进行网络攻击。

9. 人为因素

这里的人为因素比较宽泛，从实际应用角度讲，人为因素包括恶意因素、水平因素、使用不当以及管理员的管理问题等。人为因素是最常见的影响网络安全的因素。以上所有问题都可以归结到人为因素中，因为网络的创建者、使用者都是人，所以该因素是最为致命的。

1.3 黑客概述

"黑客"(Hacker)，是指专门研究、发现计算机和网络漏洞的计算机爱好者，他们伴随着计算机和网络的发展而成长。黑客对计算机有着狂热的兴趣和执着的追求，他们不断地研究计算机和网络知识，发现计算机和网络中存在的问题，喜欢挑战高难度的网络系统并从中找到漏洞，然后向管理员提出解决和修补漏洞的方法。

黑客属于人为因素，而且属于对网络安全具有重大威胁的因素。由于利益的驱动，科技和网络的发展及大规模普及，更为黑客的活动提供了温床。在与黑客的较量中，首先需要了解黑客以及黑客的手段，才能进行防范和对抗。

世界上每年都有很多的黑客比赛与大会，用于黑客间的交流，如图 1-19 所示。

图 1-19 2016 美国黑帽大会

1.3.1 黑客、骇客、红客

"黑客"大体上应该分为"正""邪"两类，"正"派黑客依靠自己掌握的知识帮助系统管理员找出系统中的漏洞并加以完善，而"邪"派黑客则是通过各种黑客技能对系统进行攻击、入侵或者做其他一些有害于网络安全的事情，因为"邪"派黑客所从事的事情违背了《黑客守则》，所以他们真正的名字叫"骇客"(Cracker)，而非"黑客"(Hacker)。

无论哪类黑客，其最初的学习内容都属于网络安全范畴，而且掌握的基本技能也都是一样的。即便日后他们各自走上了不同的道路，但是所做的事情也差不多，只不过出发点和目的不一样而已。

红客 (Honke) 是指维护国家利益，不利用网络技术入侵自己国家电脑，而是"维护正义，为自己国家争光的黑客"。红客是一种精神，它是一种热爱祖国、坚持正义、开拓进取的精神。所以只要具备这种精神并热爱计算机技术的计算机爱好者都可称为红客。红客通常会利用自己掌握的技术去维护国内网络的安全，并对外来的进攻进行还击，如图 1-20 所示。

图 1-20　中国红客联盟

1.3.2 黑客入侵的主要过程

黑客的入侵并不是使用软件，简单地点两下鼠标就可以了，而是进行了有针对性的探测与环境构建，下面介绍入侵的主要步骤。

1. 收集网络系统中的信息

信息的收集并不对目标产生危害，只是为进一步的入侵提供有用信息。黑客可能会利用公开协议或工具，收集驻留在网络系统中的各个主机系统的相关信息。

2. 探测目标网络系统的安全漏洞

在收集到待攻击目标的一定量信息后，黑客们会探测目标网络上的每台主机，来寻求系统内部的安全漏洞。

3. 建立模拟环境，进行模拟攻击

根据收集探测到的信息，建立一个类似攻击对象的模拟环境，然后对此模拟目标进行一系列的攻击。在此期间，通过检查被攻击方的日志，观察检测工具的攻击回馈信息，可以进一步了解在攻击过程中留下的"痕迹"及被攻击方的状态，以此来制定一个较为周密的攻击策略。

4. 具体实施网络攻击

入侵者根据前几步所获得的信息，同时结合自身的水平及经验总结出相应的攻击方法，在进行模拟攻击的实践后，等待时机，实施真正的网络攻击。

1.3.3 黑客入侵后的现象

黑客在入侵了计算机后总会留下一些蛛丝马迹，仔细辨别这些迹象，有利于用户的判断并及时做出防范措施。

1. 进程异常

用 Ctrl+Alt+Del 组合键调出任务管理器，查看运行的进程，如图 1-21 所示。如发现陌生进程就要多加注意，可以关闭一些可疑的程序，如果发现不正常的情况恢复了正常，那么就可以初步确定计算机是中了木马了；发现有多个名字相同的程序在运行，而且可能会随时间的增加而增多，这也是一种可疑的现象，也要特别注意。如果是在计算机连入 Internet 或局域网后才发现这些现象，需要尽快查看是否有木马或者病毒在作怪。

2. 可疑启动项

可疑程序的另一特点是随系统启动而运行。用户可以运行"Msconfig"命令，启动"系统配置"程序，在弹出对话框的"启动"选项卡中，查看是否有可疑的程序随系统启动，如图 1-22 所示。可以禁用这些可疑程序，从系统稳定性上判断该程序是否为病毒或者木马程序。用户也可以使用第三方软件来禁用可疑启动项。

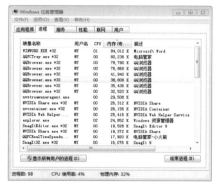

图 1-21 查看系统进程   图 1-22 查看启动项

3. 注册表异常

该操作涉及比较专业的层次，用户最好在修改前先对注册表进行备份。运行"Regedit"命令调出注册表编辑器，如图 1-23 所示。查看相应的条目和值是否正常，如果有异常，有可能是被黑客侵入了。

4. 开放可疑端口

黑客有可能在侵入系统后，留下后门程序用来监听客户端请求。用户可以通过命令查看计算机是否开启了可疑端口。在命令提示符界面中，使用"netstat–an"命令来查看异常端口，如图 1-24 所示。

图 1-23 查看注册表项   图 1-24 查看系统端口信息

5. 查看日志文件

一般黑客在侵入后，会将关于登录的信息删除，但是，不排除有部分黑客技术实力较弱或者大意之下，留下了蛛丝马迹。用户可以通过查看日志文件，确定是否有黑客侵入。

在"计算机"图标上右击，在弹出的快捷菜单中选择"管理"选项，在弹出的"计算机管理"对话框中选择"事件查看器—Windows 日志"选项，并在下拉列表中选择"安全"选项，如图 1-25 所示。通过查看登录记录、时间来判断是否有黑客的异常登录。另外，可以通过其他日志信息来判断是否有恶意程序运行、篡改系统文件。

6. 存在陌生用户

黑客在侵入计算机系统后，会创建有管理员权限的用户，以便使用该账户远程登录计算机或者启动程序及服务等。用户可以使用命令查看到是否有新建的陌生账户，如图 1-26 所示。如果存在，应该及时删除该账户。

图 1-25　查看系统日志文件　　　　　　图 1-26　查看系统用户

7. 陌生服务

黑客侵入或者木马程序会开启一些服务程序，为黑客提供各种数据信息。用户可以启动服务查看器查看是否存在异常的服务，如图 1-27 所示，并及时关闭异常服务，如图 1-28 所示。

图 1-27　查看系统服务　　　　　　　　图 1-28　关闭系统服务

1.4 计算机网络安全体系

　　国际标准化组织对计算机系统安全的定义是：为数据处理系统建立和采用的技术和管理的安全保护，保护计算机硬件、软件和数据不因偶然和恶意的原因遭到破坏、更改和泄露。由此，可以将计算机网络安全理解为：通过采用各种技术和管理措施，使网络系统正常运行，从而确保网络数据的可用性、完整性和保密性。

1.4.1 建立安全体系的目的及意义

　　目前，计算机网络面临着很大的威胁，其构成因素是多方面的，这种威胁将不断给社会带来巨大的损失。网络安全已被信息社会的各个领域所重视，随着计算机网络的不断发展，全球信息化已成为人类发展的大趋势，给政府机构、企事业单位带来了革命性的变革。但由于计算机网络具有连接形式多样性、终端分布不均匀性和网络的开放性、互联性等特征，致使网络易受黑客、病毒、恶意软件和其他不轨行为的攻击，所以网上信息的安全和保密是一个至关重要的问题。对于军用的自动化指挥网络、银行和政府等传输敏感数据的计算机网络系统而言，其网上信息的安全和保密尤为重要。

　　因此，上述网络必须有足够强的安全措施，否则该网络将是个无用的、甚至会危及国家安全的网络。无论是在局域网还是在广域网中，都存在着自然和人为等诸多因素的潜在威胁和网络的脆弱性，故此，网络的安全措施应能全方位地针对各种不同的威胁和网络的脆弱性，这样才能确保网络信息的保密性、完整性和可用性。

　　为了确保信息的安全与畅通，研究计算机网络的安全以及防范措施已迫在眉睫。本文就初步探讨计算机网络安全的管理及其技术措施。认真分析网络面临的威胁，计算机网络系统的安全防范工作是一个极为复杂的系统工程，是一个安全管理和技术防范相结合的工程。在目前法律法规尚不完善的情况下，首先各计算机网络应用部门领导应重视，加强工作人员的责任心和防范意识，自觉执行各项安全制度，在此基础上，再采用先进的技术和产品，构造全方位的防御机制，使系统在理想的状态下运行。

1.4.2 网络安全防范体系

　　一个全方位、整体的网络安全防范体系也是分层次的，不同层次反映了不同的安全需求。根据网络的应用现状和网络结构，一个网络的整体由硬件网络协议、网络操作系统和应用程序等构成，而若要实现网络的整体安全，还需要考虑数据的安全性问题。此外，无论是网络本身，还是操作系统和应用程序，最终都是由人来操作和使用的，所以还有一个重要的安全问题就是用户的安全性。可以将网络安全防范体系的层次化分为物理安全、系统安全、网络层安全、应用层安全和安全管理等。

1. 物理安全

　　该层次的安全包括通信线路安全、物理设备安全、机房安全等，如图1-29所示。物理层次的安全主要体现在通信线路的可靠性、软件设备安全性、设备的备份、防灾害能力及防干扰能力、设备的运行环境等。

2. 系统安全

该层次的安全问题来自网络内使用的操作系统，如 Windows、Linux 等。主要表现在三方面，一是操作系统本身的缺陷导致的不安全因素，主要包括身份认证 (见图 1-30)、访问控制、系统漏洞等；二是操作系统安全配置问题；三是恶意代码对操作系统的威胁。

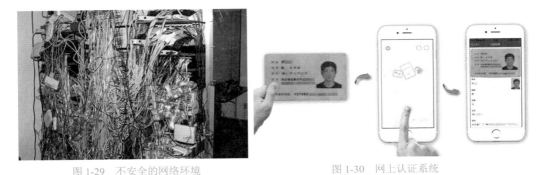

图 1-29　不安全的网络环境　　　　　　　图 1-30　网上认证系统

3. 网络层安全

该层次的安全问题主要体现在网络方面的安全性，包括网络层次身份认证、网络资源的访问控制、数据传输的保密与完整性、域名系统的安全、入侵检测的手段等 (见图 1-31)、网络设施防病毒等。

4. 应用层安全

该层次的安全问题主要由提供服务所采用的应用软件和数据的安全性产生，包括 Web 服务 (见图 1-32)、电子邮件系统、DNS 等。此外，还包括使用系统中资源和数据的用户是否是真正被授权的用户。

图 1-31　带入侵检测的设备

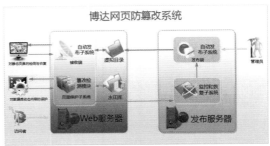

图 1-32　Web 服务器防篡改系统

5. 安全管理

安全管理包括安全技术和设备的管理、安全制度管理部门与人员的组织规则等。管理的制度化极大程度地影响整个网络的安全，严格的安全管理制度、明确的部门安全职责划分、合理的人员角色配置都可以在很大程度上降低其他层次的安全漏洞。

1.4.3 网络安全服务

网络安全主要有以下几种标准的安全服务。

1. 鉴别

鉴别用于识别对象的身份和身份的证实。

2. 访问控制

访问控制提供对越权使用资源的防御措施。访问控制可分为自主控制访问、强制性访问控制、角色的访问控制等。

3. 数据机密性

它是针对信息泄露而采取的防御措施，可分为连接机密性、无连接机密性、选择字段机密性和业务流机密性等，它的基础是数据加密机制的选择。

4. 数据完整性

在一次连接上，连接开始时使用对某实体的鉴别服务，并在连接的存活期使用数据完整性服务就能联合起来为此连接上传送的所有数据单元的来源提供确证，为这些数据单元的完整性提供确证。

5. 抗否认

抗否认是针对对方抵赖的防范措施，用来证实发生过的操作。

1.4.4 网络安全机制

对于网络安全来说，可以采取以下几种安全机制。

1. 加密机制

借助各种加密算法对存放的数据和流通中的信息进行加密，如图1-33所示。

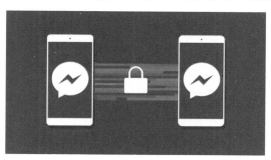

图 1-33　信息加密传输

2. 数字签名机制

数字签名是附加在数据单元上的一些数据，或是对数据单元所做的密码交换，这种数据或变换允许数据单元的接收者确认数据单元的来源和数据单元的完整性，并保护数据，防止被人伪造，如图1-34所示。

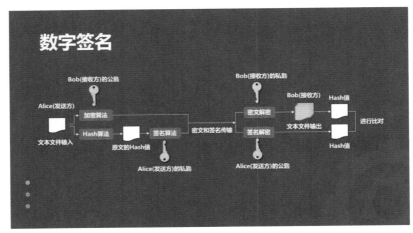

图 1-34　数字签名技术

3．访问控制机制

为了决定和实施一个实体的访问权，访问控制机制可以使用该实体已鉴别的身份，或使用有关实体的信息，与加密机制有关，如图 1-35 所示。

图 1-35　拒绝访问

4．数据完整性机制

数据完整性有两个方面：单个数据单元或字段的完整性和数据单元流或字段流的完整性。一般来说，用来提供这两种类型完整性服务的机制是不相同的。判断数据是否被篡改过，如图 1-36 所示，与加密机制有关。

图 1-36　使用 Hash 算法验证数据是否更改

5．鉴别交换机制

鉴别交换机制用来实现同级之间的认证，可用于鉴别交换的技术是使用鉴别信息。

6．路由控制机制

该机制防止不利信息通过路由。目前典型的应用为网络层防火墙，如图1-37所示。带有某些安全标记的数据可能被安全策略禁止通过某些子网络、中继站或链路等。

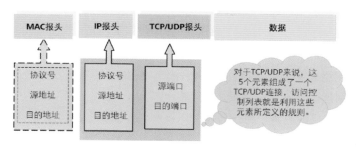

图1-37　防火墙包过滤基础

7．公证机制

有关在两个或多个实体之间通信的数据的性质，如它的完整性、原发、时间和目的地等能够借助公证机制得到确保。

8．可信功能度

数据根据某些标准被认为是正确的，就是可信的。

9．安全标记

安全标记始于与某一资源密切相关的标记，包括为该资源命名或指定其安全属性。

10．事件检测

与安全有关的事件监测包括对安全明显事件的检测，也可以包括对正常事件的检测。

11．安全审计跟踪

安全审计就是对系统的记录与行为进行独立的评估考查，目的是测试系统的控制是否恰当，保证与既定策略和操作的协调一致，有助于作出损害评估，以及对在控制、策略与规程中指明的改变作出评价。

12．安全恢复

安全恢复处理来自诸如事件处置与管理功能等机制的请求，并把回复动作当作应用一组规则的结果。

1.5　计算机网络安全主要对策

计算机网络安全是一项复杂的系统工程，涉及技术、设备、管理和制度等多方面的因素，安全解决方案的制定需要从整体上进行把握，综合各种计算机网络信息系统安全技术，将安全操作系统技术、防火墙技术、病毒防护技术、入侵检测技术、安全扫描技术等综合起来，形成一套完整的、协调一致的网络安全防护体系，并做到管理和技术并重。安全技术必须结合安全措施，并加强计算机立法和执法的力度，建立备份和恢复机制，制定相应的安全标准。

1. 建立安全管理制度

提高包括系统管理员和用户在内的人员的技术素质和职业修养。对于重要部门和信息，严格做好开机查毒，及时备份数据，这是一种简单有效的方法。

2. 网络访问控制

访问控制是网络安全防范和保护的主要策略，它的主要任务是保证网络资源不被非法使用和访问，是保证网络安全最重要的核心策略之一。访问控制涉及的技术比较广，包括入网访问控制、网络权限控制、目录级控制以及属性控制等多种手段。

3. 数据库的备份与恢复

数据库的备份与恢复是数据库管理员维护数据安全性和完整性的重要操作，如图 1-38 所示。备份是恢复数据库最容易和最能防止意外的方法。数据恢复是在意外发生后利用备份来恢复数据的操作。主要数据备份策略有三种：只备份数据库、备份数据库和事务日志、增量备份等。

图 1-38　数据库备份与恢复

4. 应用密码技术

应用密码技术是信息安全核心技术，密码手段为信息安全提供了可靠保证。基于密码的数字签名和身份认证是当前保证信息完整性的最主要方法之一。密码技术主要包括古典密码体制、单钥密码体制、公钥密码体制、数字签名以及密钥管理等。

5. 切断途径

切断途径包括对被感染的硬盘和计算机进行彻底杀毒处理、不使用来历不明的 U 盘和程序、不随意下载网络可疑信息等。

6. 提高网络反病毒技术能力

通过安装病毒防火墙，如图 1-39 及图 1-40 所示，对网络服务器中的文件进行频繁扫描和监测，在工作站上采用防病毒卡，加强网络目录和文件访问权限的设置，对病毒进行实时过滤。在网络中，限制只能由服务器才允许执行的文件。

图 1-39　安装杀毒软件

图 1-40　配置防火墙

7. 研发并完善高安全的操作系统

研发具有高安全的操作系统，不给病毒得以滋生的温床才能更安全。

8. 物理环境安全

计算机系统的安全环境条件，包括温度、湿度、空气洁净度、腐蚀度、虫害、振动和冲击、电气干扰等方面，都要有具体的要求和严格的标准。计算机系统选择一个合适的安装场所十分重要，它直接影响到系统的安全性和可靠性。选择计算机房场地，要注意其外部环境的安全性、可靠性、场地抗电磁干扰性，避开强振动源和强噪声源，并避免设在建筑物高层和用水设备的下层或隔壁等。还要注意机房出入口的管理。机房的安全防护是针对环境的物理灾害和防止未授权的个人或团体破坏、篡改或盗窃网络设施、重要数据而采取的安全措施和对策。为做到区域安全，首先，应考虑使用物理访问控制来识别访问用户的身份，并对其合法性进行验证；其次，对来访者必须限定其活动范围；再次，要在计算机系统中心设备外设多层安全防护圈，以防止非法暴力入侵；最后，设备所在的建筑物应具有抵御各种自然灾害的设施。

9. 安装系统补丁

系统就是程序，不可能做得完美无缺，系统漏洞就是其中最突出的瑕疵。微软会反复测试其系统，如果发现系统存在漏洞及其他问题会通过补丁的形式，发布修补程序，用来修复漏洞，用户需要及时使用系统自带的升级程序下载补丁程序。虽然这对配置及网络不好的计算机，可能会造成其性能上的降低，但安全性对于计算机来说永远是排在首位的。

课后作业

一、填空题

1. 互联网的特征是 _____、_____、_____。

2. 网络面临的主要安全威胁有 _____、_____、_____、_____。

3. 网络威胁的主要形式有 _____、_____、_____、_____、_____、_____、_____、_____。

4. 黑客入侵系统后主要现象有 _____、_____、_____、_____、_____、_____ 等几个方面。

5. 网络安全防范体系包括 _____、_____、_____、_____、_____ 几个方面。

二、选择题

1. 以下属于网络安全服务的是（   ）。

A 访问控制   B 数据机密性

C 数据完整性   D 身份核查

2. 以下属于网络安全机制的是（   ）。

A 加密机制   B 数字签名

C 公证机制   D 安全审计跟踪

3. 以下不属于网络安全主要对策的是（   ）。

A 应用密码技术   B 安装补丁

C 拒绝接入互联网   D 访问控制

4. 热爱祖国，坚持正义，利用网络技术为自己国家争光的一般叫（   ）。

A 红客   B 黑客

C 骇客   D 背包客

5. 黑客入侵的主要步骤包括（   ）。

A 收集信息   B 探测漏洞

C 模拟攻击   D 实施入侵

三、动手操作与扩展训练

1. 了解近几年的网络安全重大事件，了解网络安全受到的威胁。

2. 打开任务管理器，在进程中查看都有哪些进程在运行，有没有陌生的进程，每个进程都是做什么的。

3. 去网上找文件下载，并使用工具，如 Hash 软件，查看文件的 Hash 值是否与网上给的相同。

打造实验环境

第2章

内容导读

　　了解了各种网络威胁后，用户需要了解不法分子利用这些漏洞和威胁实施网络攻击的原理与步骤，从而明白如何进行防范。

　　当然，没有人愿意用自己系统的安全作为代价进行测试，那么就需要打造一个相对封闭的环境进行攻击及防御测试。接下来将介绍如何使用 VMware 及其他功能软件打造一个安全的测试环境。

2.1 VMware 简介

VMware 公司是全球桌面到数据中心虚拟化解决方案的领导厂商，在虚拟化和云计算基础架构领域处于全球领先地位，它所提供的经客户验证的解决方案可通过降低复杂性以及更灵活、快速的交付服务来提高 IT 效率。VMware 使企业可以采用能够解决其独有业务难题的云计算模式。VMware 的解决方案可帮助各种规模的组织降低成本、提高业务灵活性，并确保选择自由。

VMware 是一个"虚拟 PC"软件公司，提供服务器、桌面虚拟化的解决方案，如图 2-1 所示。它的产品可以使一台机器上同时运行两个或更多 Windows、DOS、Linux 系统。与"多启动"系统相比，VMware 采用了完全不同的概念。"多启动"系统在一个时刻只能运行一个系统，在系统切换时需要重新启动机器；VMware 是真正"同时"运行，多个操作系统在主系统的平台上，就像标准 Windows 应用程序那样切换，而且每个操作系统都可以进行虚拟的分区、配置，而不影响真实硬盘的数据，用户甚至可以通过虚拟网卡将几台虚拟机连接为一个局域网，使用起来极其方便。安装在 VMware 里的操作系统性能上比直接安装在硬盘上的系统高不少，因此，比较适合学习和测试。

图 2-1　VMware　LOGO

2.2 使用 VMware Workstation 安装系统

用户可以在 VMware 官网上下载 VMware Workstation 程序并进行安装，这里就不再详细介绍了。下面介绍如何设置并使用 VMware Workstation 安装操作系统的过程。

(1) 在桌面上双击 VMware Workstation 安装程序图标，启动程序，在打开的主界面中选择"主页"选项卡，并单击"创建新的虚拟机"按钮，如图 2-2 所示。

(2) 弹出"新建虚拟机向导"对话框,选中"自定义 (高级)"单选按钮,单击"下一步"按钮,如图 2-3 所示。

图 2-2　创建虚拟机

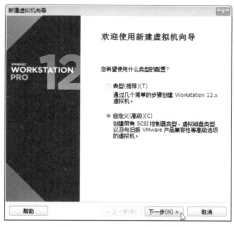

图 2-3　自定义虚拟机配置

(3) 选择硬件兼容性,这里使用默认值,单击"下一步"按钮,如图 2-4 所示。

(4) 选择光盘镜像文件,选中"稍后安装操作系统"单选按钮,并单击"下一步"按钮,如图 2-5 所示。

图 2-4　选择虚拟机硬件兼容性

图 2-5　选择安装光盘

(5) 选择操作系统类型以及版本,单击"下一步"按钮,如图 2-6 所示。

(6) 为虚拟机命名,并选择保存该虚拟机产生的文件的位置,建议用户单独建立一个文件夹,以方便以后的迁移等工作。完成后,单击"下一步"按钮。如图 2-7 所示。

图 2-6　选择操作系统及版本

图 2-7　选择安装位置

(7) 选择固件类型是使用 BIOS+MBR 引导还是 UEFI+GPT 的方式引导。UEFI 是 BIOS 的一种升级替代方案。关于 BIOS 和 UEFI，如果仅从系统启动原理方面来作比较，UEFI 之所以比 BIOS 强大，是因为 UEFI 本身已经相当于一个微型操作系统，最突出的特点是 UEFI+GPT 可以实现快速启动操作系统。关于两者的联系和区别，有兴趣的读者可以自行查询学习。这里选择 BIOS 单选按钮，单击"下一步"按钮，如图 2-8 所示。

(8) 配置处理器的数量及核心数量。用户需要根据自己的 CPU 性能进行选择，完成后，单击"下一步"按钮，如图 2-9 所示。

图 2-8　选择固件类型

图 2-9　配置处理器

(9) 配置处理器内存。用户需要根据主机的内存大小进行配置，完成后，单击"下一步"按钮，如图 2-10 所示。

(10) 选择网卡的链接方式。这里使用默认的 NAT 选项，单击"下一步"按钮，如图 2-11 所示。

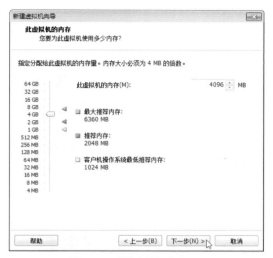

图 2-10 配置虚拟机内存

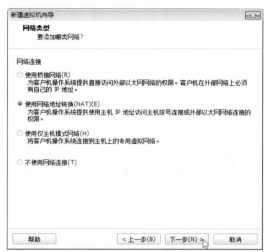

图 2-11 配置虚拟机网卡

桥接相当于虚拟机和用户的计算机主机呈并列的网络结构，获取到的是路由器提供的地址，可以直接上网。

NAT 相当于虚拟机是用户计算机主机的从属，通过计算机主机作 NAT 转换后上网，地址由计算机主机提供。

仅主机模式是计算机主机分配虚拟机某一网段的 IP 地址和子网掩码，不分配网关和 DNS 服务器 IP，虚拟机仅能与计算机主机连接，形成内部局域网，不能进行上网操作。

(11) 选择 I/O 控制器类型。使用默认值，单击"下一步"按钮，如图 2-12 所示。

(12) 选择磁盘类型。这里选择 SCSI 硬盘，单击"下一步"按钮，如图 2-13 所示。有时，SCSI 硬盘可能存在发现不了或者不支持某系统的问题，用户可以通过再次添加新的硬盘，并选择 SATA 模式的方法进行解决。

图 2-12 配置 I/O 控制器类型

图 2-13 配置虚拟磁盘类型

(13) 选择虚拟硬盘的创建方式。这里使用默认选项，单击"下一步"按钮，如图 2-14 所示。当然，用户可以选择"使用现有虚拟磁盘"来使用其他虚拟机配置的硬盘及数据，也可以选择使用物理磁盘来使用计算机物理的某分区。

(14) 指定磁盘的大小。将磁盘大小设置为120GB，其他选择默认值，单击"下一步"按钮，如图 2-15 所示。该选项是将使用的磁盘分成小块，当系统需要更多硬盘空间时，实时进行创建，大大节约磁盘空间。

图 2-14 配置磁盘创建方式

图 2-15 配置磁盘大小

(15) 指磁盘文件存储位置，并告知用户磁盘文件的生成规则，单击"下一步"按钮，如图 2-16 所示。

(16) 自定义硬件。在此处，可以继续添加硬件，就像给计算机增加内部设备一样。也可以更改已经定义好的配置参数。当然，用户也可以在完成当前配置退出后，从设置中进行更改。这里单击"自定义硬件"按钮，如图 2-17 所示。

图 2-16 配置磁盘文件

图 2-17 自定义硬件

(17) 在"硬件"对话框中，选择"新 CD/DVD"选项，选中"使用 ISO 映像文件"单选按钮并浏览找到需要安装的镜像文件，如图 2-18 所示。

(18) 单击"关闭"按钮，返回上一级，查阅配置，如果符合用户要求，单击"完成"按钮，返回主界面。完成后，可以在主界面选项卡中查看到增加了刚才设置的虚拟机"TEXT W7"，如图 2-19 所示。

图 2-18　选择镜像文件

图 2-19　完成虚拟机配置

(19) 在主界面中，单击"运行"按钮，启动虚拟机，如图 2-20 所示，就像按下了主机的开机键一样。

图 2-20　启动虚拟机

(20) 虚拟机像计算机一样，加载镜像文件，启动 Windows 安装系统，如图 2-21 所示。

(21) 同安装普通的系统一样，用户先进行分区，选择后，系统开始进行文件复制，如图 2-22 所示。因为是从硬盘上的映像文件进行安装，所以安装速度远远快于普通计算机光盘安装速度。

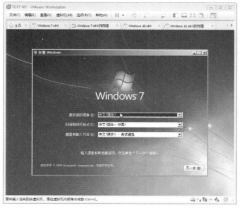

图 2-21　启动 Windows 系统安装程序

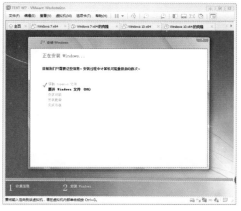

图 2-22　开始文件复制

(22) 进行系统的参数配置工作，如图 2-23 所示。

(23) 完成安装后，进入系统界面，如图 2-24 所示。

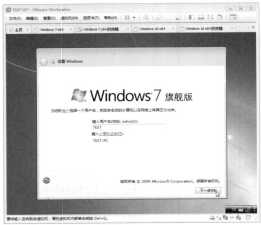

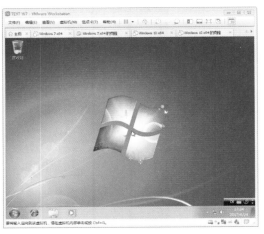

图 2-23　配置系统的常用参数　　　　　　　　图 2-24　进入系统桌面环境

2.3　安装 VMware Tools

完成系统安装后，首先要做的就是安装 VMware Tools。该工具可以实现虚拟机和真实主机的文件拖拽复制、鼠标滑动切换、随意调整虚拟机画面大小等功能。

(1) 单击"虚拟机"按钮，选择"安装 VMware Tools"选项，如图 2-25 所示。

(2) 等待虚拟机自动加载 VMware Tools 映像文件，或者直接在"计算机"中双击虚拟机工具图标，在弹出的"自动播放"对话框中单击"运行 setup64.exe"选项，进行安装，如图 2-26 所示。

图 2-25　启动安装环境　　　　　　　　　　　图 2-26　选择安装

(3) 保持参数默认值，按照提示，单击"下一步"按钮，单击"安装"按钮，开始进行安装，如图 2-27 所示。

(4) 安装完成后，提示虚拟机需重启以启动工具，单击"是"按钮，如图 2-28 所示。

图 2-27　开始安装

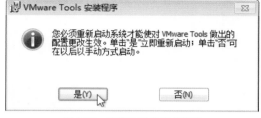
图 2-28　重启虚拟机完成安装

2.4　VMware Workstation 高级操作

接下来，笔者将根据自身多年使用经验，向读者介绍一些虚拟机非常实用的功能。

2.4.1　备份与还原

之前介绍了虚拟机可以为用户提供一个稳定的测试环境。那么虚拟机除了可以隔离病毒、木马等威胁外，十分便捷的备份与还原才是这款软件的精髓。在虚拟机中，备份的状态叫作快照，类似于照相机拍摄照片。用户可以随时保存当前系统的状态，随时还原到各种快照状态。即使在虚拟机中的系统正在运行过程中，也可以进行备份与还原，还原后，立刻可以使用。

(1) 在虚拟机菜单栏中，单击"虚拟机"按钮，选择"快照 - 拍摄快照"选项，如图 2-29 所示。

(2) 虚拟机弹出拍摄快照对话框，用户填写当前快照的备注，单击"拍摄快照"按钮，如图 2-30 所示。

图 2-29　拍摄快照

图 2-30　设置备注

(3) 稍等片刻，完成快照的制作。用户可以单击"虚拟机"按钮，在"快照"选项中查看快照。用户也可以选择"快照管理器"选项，如图 2-31 所示。

(4) 在快照管理器对话框中，可以通过时间线来查看快照及所在时间位置。这对创建了多个快照后，选择还原时间非常有帮助，如图 2-32 所示。用户可以单击快照来查看备注、状态截图。

图 2-31 进入快照管理器

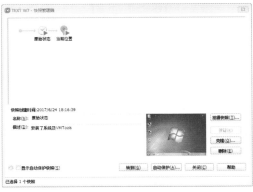
图 2-32 查看备份的快照

(5) 下面进行测试。在更改主题后，在菜单栏单击"虚拟机"按钮，选择"快照"选项中需要还原的快照选项，如图 2-33 所示。

(6) 虚拟机提示，恢复快照后当前状态会丢失，单击"是"按钮，如图 2-34 所示。

图 2-33 选择还原的快照

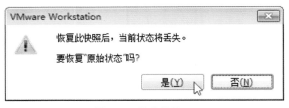
图 2-34 软件提示

(7) 虚拟机进行快照的恢复，如图 2-35 所示。

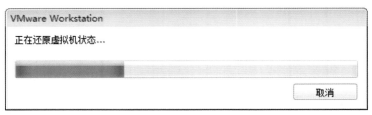
图 2-35 虚拟机开始还原

(8) 完成还原后，可以看到主题已经恢复到快照状态，如图 2-36 所示。因为安装了 VM 工具，所以可以将桌面拉伸到任意尺寸大小。

图 2-36　完成快照恢复

2.4.2 添加与删除设备

VMware 的另一特色是可以任意添加、删除虚拟硬件设备，如硬盘、网卡、光驱等。下面介绍添加、删除虚拟设备的方法。

1. 添加硬盘

(1) 在关机的情况下，选中需要添加虚拟设备的虚拟机，单击"虚拟机"按钮，在下拉菜单中选择"设置"选项，如图 2-37 所示。

(2) 在"虚拟机设置"对话框中，单击"添加"按钮，如图 2-38 所示。

图 2-37　选择硬件设置选项

图 2-38　虚拟机硬件管理界面

(3) 系统弹出"添加硬件向导"对话框，选择"硬盘"选项，单击"下一步"按钮，如图 2-39 所示。

(4) 其后步骤如安装系统时设置步骤一致，如图 2-40 所示。

添加网卡及光驱等设备的步骤同添加硬盘的方法一样，在"添加硬件向导 - 硬件类型"

对话框中选择添加内容，最后按照提示一步步操作即可。

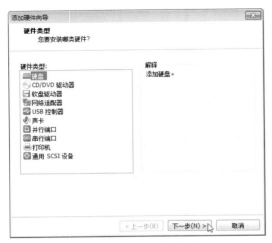

图 2-39　选择添加选项

图 2-40　进入硬盘添加向导

2. 删除硬盘

(1) 按前面操作进入"虚拟机设置"对话框中选择需要删除的设备，这里选择刚才添加的"新硬盘 (SCSI)"，单击"移除"按钮，如图 2-41 所示。

(2) 单击"确定"按钮，完成删除，如图 2-42 所示。这里一定要进行确定，否则无论是添加或者是删除都不会最终成功。

图 2-41　移除设备

图 2-42　确定更改

2.4.3 修改硬件常见配置及参数

除了在新建虚拟机时进行软硬件配置外，用户也可以随时对虚拟机的硬件进行配置。下面就比较常见的修改进行介绍。

1. 调整内存大小

启动"虚拟机设置"对话框，选择"内存"选项，在右侧通过输入具体数字或者拖动滑块来调整内存值，完成后，单击"确定"按钮，确定更改，如图 2-43 所示。

2. 修改处理器参数

选择"处理器"选项，在右侧配置处理器数量和核心数量。另外，用户可以根据自身 CPU 虚拟化技术，选择相应的虚拟化引擎，如图 2-44 所示。

图 2-43　调整内存大小

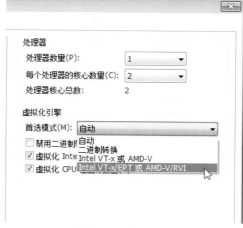

图 2-44　调整 CPU 参数

3. 修改光驱参数

选择 CD/DVD 选项，在右侧可以选择需要载入的映像文件，也可以使用计算机主机的物理光驱。另外，在安装完系统后，取消勾选"启动时连接"复选框，否则每次启动，虚拟机都会读取光驱映像文件，有时会很麻烦，如图 2-45 所示。

需要注意的是，如果用户使用了 GHOST 系统光盘映像，并通过开机菜单进行系统安装，有可能出现各种不能安装的情况，这里需要单击"高级"按钮，并在"CD/DVD 高级设置"对话框中选中 IDE 单选按钮，完成后单击"确定"按钮，如图 2-46 所示。

图 2-45　修改光驱参数

图 2-46　选择光驱的模式

有时因为兼容性及驱动的原因会造成无法进行安装，或者无法使用光盘其他特殊功能的情况。但使用系统原版光盘映像进行安装时，由于在映像中集成了驱动，所以不会产生该类故障。

4．修改 UEFI 引导

如果用户使用了 UEFI+GPT 的安装模式，需要在虚拟机中设置一个参数才能进行快速启动。

在"虚拟机设置"对话框中，选择"选项"选项卡，选择左侧的"高级"选项，并在右侧勾选"通过 EFI 而非 BIOS 引导"复选框，如图 2-47 所示。

图 2-47　修改引导模式

2.4.4　修改虚拟机首选项设置

虚拟机首选项定义了虚拟机本身的一些参数，用户有时会需要进行修改，下面介绍一些常见的修改。

1．修改虚拟机释放控制快捷键

有时虚拟机没有安装虚拟机工具，或者安装操作系统过程中，无法直接将鼠标指针移至真实机中，用户可以通过首选项定义释放的快捷键。

(1) 在虚拟机菜单栏中单击"编辑"按钮，在下拉菜单中选择"首选项"选项，如图 2-48 所示。

(2) 在左侧选择"热键"选项，在右侧单击需释放的快捷键，完成后，单击"确定"按钮，如图 2-49 所示。这样使用 Ctrl 键即可在虚拟机与真实机之间切换鼠标控制。

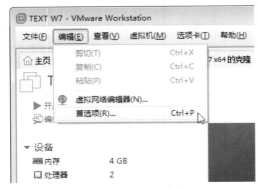

图 2-48　进入首选项　　　　图 2-49　修改释放控制热键

2. 修改预留内存

在"首选项"对话框中选择"内存"选项，并在右侧设置预留内存值；再根据自身计算机配置，选择额外内存的来源。完成后，单击"确定"按钮，如图 2-50 所示。

3. 修改显示设置

在"首选项"对话框中选择"显示"选项，在右侧根据用户的需求配置合适的参数，完成后，单击"确定"按钮，如图 2-51 所示。

图 2-50　设置内存参数

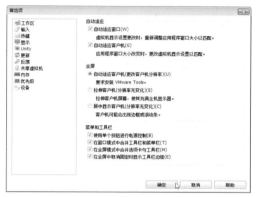

图 2-51　修改显示参数

2.4.5 修改虚拟机网络参数

如果进行局域网攻防测试，那么多台计算机需要设置不同的网络参数。虚拟机本身对网络参数已经定义，用户也可以在虚拟机中进行网络设置的修改。

(1) 在虚拟机菜单栏中单击"编辑"按钮，在下拉菜单中，选择"虚拟网络编辑器"选项，如图 2-52 所示。

(2) 虚拟机弹出"虚拟网络编辑器"对话框，可以查看到 VMnet1 及 VMnet8 两种网络的参数及子网，单击"更改设置"按钮，如图 2-53 所示。

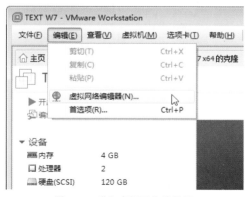

图 2-52　进入虚拟网络编辑器

图 2-53　启动虚拟网络参数更改设置

(3) 完成后，所有灰色图标已经可以使用，此时可以通过"添加网络"及"移除网络"为虚拟机添加及删除网络，如图 2-54 所示。

(4) 选中"VMnet8"选项，可以在"子网 IP"及"子网掩码"文本框中设置该网络的参数，如图 2-55 所示。

图 2-54　添加新网络　　　　　　　　　　　　　　图 2-55　更改 VM8 网段

(5) 在"虚拟网络编辑器"对话框中单击"DHCP 设置"按钮，弹出"DHCP 设置"对话框，从中可以设置虚拟机 DHCP 地址池的范围、租用时间，如图 2-56 所示。

(6) 在"虚拟网络编辑器"对话框中单击"NAT 设置"按钮，可以弹出 VMnet8 的"NAT 设置"对话框，在该对话框中，可以设置网关、端口转发规则等，如图 2-57 所示。单击"DNS 设置"按钮，可以弹出"域名服务器(DNS)"对话框，进行 DNS 设置，如图 2-58 所示。

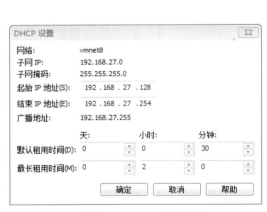

图 2-56　DHCP 服务设置　　　　　　　　　　　　图 2-57　设置网关

(7) 到此 VMnet8 网络的设置已经完成，因为 VMnet8 是 NAT 模式，可以上网。VMnet0 是桥接，所以不需要设置。VMnet1 是局域网，可以查看到，它仅可以设置DHCP，无法设置 DNS 服务器地址及网关地址，所以无法联网，如图 2-59 所示。

知道了这 3 种网络模式，用户以后再添加网络就可以仿照这 3 种模式，按照实际的网络参数进行设置。另外值得注意的是，用户需要先进行网段的修改，才能进行 DHCP 的修改。也就是说先修改"子网 IP"及"子网掩码"，应用更改后，再修改 DHCP 设置。

图 2-58　设置 DNS 服务器地址

图 2-59　VMnet1 状态

2.4.6 虚拟机运行时参数修改

虚拟机中的系统在运行时，其右下角罗列了一些图标，如图 2-60 所示。双击图标即可进入对应的功能。

图 2-60　虚拟机右下角状态图标

1. 硬盘图标

双击硬盘图标即可进入 "虚拟机设置 - 硬盘" 对话框。可以查看硬盘状态，但在虚拟机系统运行的情况下，无法更改参数，如图 2-61 所示。

2. 光驱图标

双击光驱图标可进入 "虚拟机设置" 对话框，选择 CD/DVD 选项，在此可以断开光驱，随时更换虚拟机映像，就像光驱可以随时换光盘一样，但此时不可使用 "高级" 功能，如图 2-62 所示。

图 2-61　硬盘参数浏览

图 2-62　更换映像文件

3. 网络图标

双击网络图标可以进入"虚拟机设置 - 网络适配器"对话框，可以随时更换虚拟机网络到已经设置好的网段，就像在虚拟机前放置了好多台交换机，虚拟机可以使用任何一台以组建新的局域网，以便进行网络实验，如图 2-63 所示。需要注意的是，更换了网络模式或网段后，需要在系统中重新获取或者重新设置 IP 地址。因为在 IP 地址没有到期前，已经设置或者获取到的 IP 地址会一直存在，直到过期时间为止。另外 VM 还很贴心的放置了 LAN 区段，以便更快速完成复杂网络结构的组建。在"高级"模式中，还可以模拟多种线路状态及 MAC 地址，如图 2-64 所示。

图 2-63　更改网络模式　　　　　图 2-64　更换线路及带宽模式

4. 打印机图标

打印机图标不太用，用户在配置时，可以将其删除掉。

5. 声卡图标

虚拟机和真实机一样，也有声音输出，如图 2-65 所示，一般不需要设置，除了取消勾选"已连接"复选框，让虚拟机不发出声音。

图 2-65　更改声音设置

6. 消息日志图标

双击消息日志图标可以查看虚拟机的一些提示、警告信息，一般不用管，如图 2-66 所示。

以上介绍的都是虚拟机的一些常用功能，虚拟机本身的功能十分强大，需要用户在实际操作及摸索中，开发更多的用法。

图 2-66　查看消息日志

2.5　创建 FTP 服务器

安装好了虚拟系统后，接下来将虚拟机实验与平台搭建相结合，向读者介绍常见的 FTP 服务器的搭建，同时熟悉虚拟机的各种操作。

(1) 虽然 Windows 中有 FTP 服务器组件，但为了方便演示，这里使用第三方 FTP 服务器软件进行讲解。

下载 Serv-U 软件，通过拖拽的方法将其移动到虚拟机系统中，当鼠标指针变成图 2-67 所示形状时，松开鼠标即可完成文件从主机到虚拟机的复制。

(2) 双击 Serv-U 安装文件打开安装向导窗口进行安装，如图 2-68 所示。

图 2-67　移动文件到虚拟机

图 2-68　开始安装

(3) 安装完成后，双击图标启动 Serv-U 管理控制台，软件提示是否定义新域，单击"是"按钮，如图 2-69 所示。

(4) 输入域名称，单击"下一步"按钮，如图 2-70 所示。

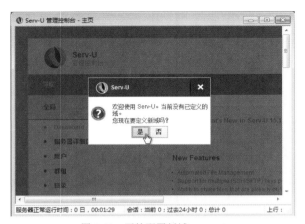

图 2-69　开始配置新域　　　　　　　　　　　　　图 2-70　输入域名称

(5) 保持默认设置，单击"下一步"按钮，如图 2-71 所示。

(6) 在 File Sharing 中，设置监控的域名称及文件共享目录，完成后，单击"下一步"按钮，如图 2-72 所示。

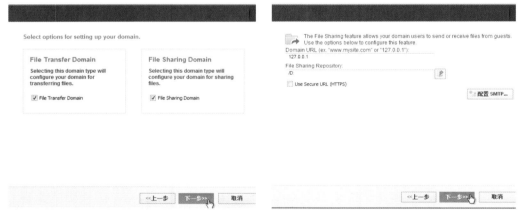

图 2-71　设置域类型　　　　　　　　　　　　　　图 2-72　设置文件共享

(7) 在 Protocols 中设置端口号；在 IP Listeners 中设置监听范围；在加密中设置加密模式；该几项均设置为默认值，单击"完成"按钮，如图 2-73 所示。

(8) 软件提示需要创建用户，单击"是"按钮，如图 2-74 所示。

(9) 输入登录 ID 及信息，单击"下一步"按钮，如图 2-75 所示。

图 2-73　完成配置

图 2-74　启动域用户配置向导　　　　　　　　　　图 2-75　设置用户名

(10) 设置账号密码，单击"下一步"按钮，如图 2-76 所示。

(11) 设置访问目录，单击"下一步"按钮，如图 2-77 所示。

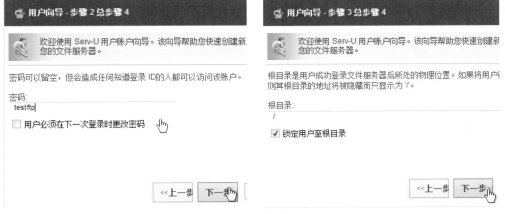

图 2-76　设置该用户 FTP 密码　　　　　　　　　　图 2-77　设置用户的根目录

(12) 设置访问权限，单击"完成"按钮，如图 2-78 所示。完成后，可以从管理控制台查看配置及更改配置，如图 2-79 所示。

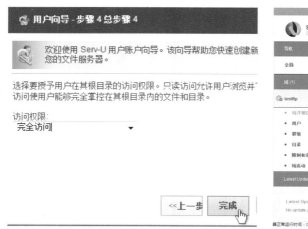

图 2-78　设置该用户的访问权限

图 2-79　查看 Serv-U 管理控制台

到此，FTP 服务器已经创建完毕，用户可以在命令提示符中使用 ftp 命令登录服务器，如图 2-80 所示。通过验证后，即可以使用命令查看及上传、下载、修改文件了，如图 2-81 所示。

图 2-80　登录 FTP 服务器

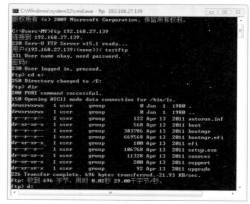

图 2-81　查看服务器文件

2.6　创建 WEB 服务器

用户可以在虚拟机上创建 Web 服务器，用于网页访问。这里使用的软件为 APMServ，下面介绍搭建步骤。

APMServ 是一款拥有图形界面的快速搭建 Apache 2.2.3、PHP 5.2.0、MySQL 5.0.27&4.0.26、SQLite、ZendOptimizer、OpenSSL、phpMyAdmin、SQLiteManager，以及 ASP、CGI、Perl 网站服务器平台的绿色软件，无须安装，具有灵活的移动性。将其复制到

其他目录、分区或别的计算机时，只需单击 APMServ.exe 中的启动按钮，即可自动进行相关设置，将 Apache 和 MySQL 安装为系统服务并启动。APMServ 集合了 Apache 稳定安全的优点，并拥有跟 IIS 一样便捷的图形管理界面，同时支持 MySQL 5.0 & 4.0 两个版本，虚拟主机、虚拟目录、端口更改、SMTP、上传大小限制、自动全局变量、SSL 证书制作、缓存性能优化等设置，只需鼠标单击相关按钮即可完成。

其实，网页服务只要安装 Windows 自带的 IIS 服务，或者使用 Apache 软件服务即可，但是 APMServ 可以集成更多功能，如安装论坛、购物平台、个人博客等。而且熟练使用后，可以直接购买网上服务器和域名，打造属于自己的网站，十分方便。

该工具对于新手来说，安装及测试是十分方便的。

(1) 下载该工具并将其复制到虚拟机中，双击该工具，软件提示解压位置，建议选择空间充足的非系统盘，完成后单击"释放"按钮，如图 2-82 所示。

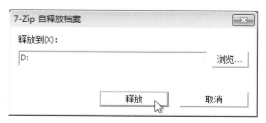

图 2-82　释放文件

(2) 释放完毕后，进入程序文件夹，找到可执行程序 APMServ，在图标上右击，在弹出的快捷菜单中选择"以管理员身份运行"选项，如图 2-83 所示。因为 Windows 7 安全性的控制，一般使用该类软件都需要管理员权限。

(3) 启动软件后，在主界面中单击"启动 APMServ"按钮，如图 2-84 所示。

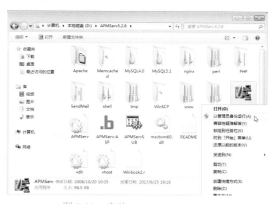

图 2-83　启动 APMServ

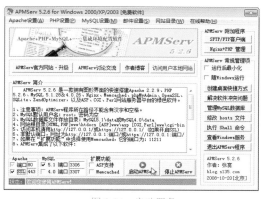

图 2-84　启动服务

用户在启动 APM Serv 时，状态栏中可能出现 Apache 启动不成功、端口被占用的提示，这时需要检查是否有其他程序占用了网页请求端口，如上面介绍的 FTP 服务器也提供网页服务，所以端口被占。用户可以在 "Serv-U 管理控制台 - 域详细信息 - 监听器"窗口界面中，双击 HTTP 的 80 端口选项，如图 2-85 所示。在弹出的"监听器"对话框中修改端口，完成后，单击"保存"按钮,如图 2-86 所示。将 IPv6 的 HTTP 监听也修改了,同时,将 HTTPS 的选项端口从 443 改为其他端口。如果进行简单测试,那么关闭 Serv-U 即可。如果需要两个软件同时启动使用,那么按照上面的方法进行修改即可。完成后,最好重启一下 Serv-U 服务。

图 2-85　修改监听端口

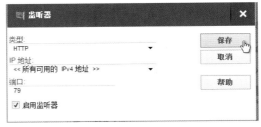
图 2-86　修改端口值

(4) 如果启动成功,则虚拟机下方的状态栏中会出现"Apache 已启动。MySQL5.1 已启动"的字样,如图 2-87 所示。

图 2-87　查看启动状态

(5) 可以在真实机启动浏览器,输入虚拟机的 IP 地址,查看网页服务是否已经启动。服务器没有问题,则应出现网页,如图 2-88 所示。

图 2-88　测试 Web 服务器

(6) 单击"phpinfo.php"链接,来查看 PHP 是否工作正常,如图 2-89 所示。

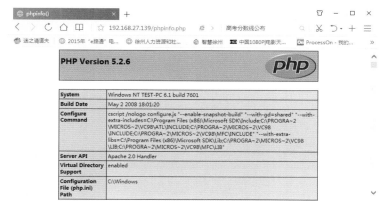

图 2-89　测试 PHP 环境是否正常

2.7　PHP 环境搭建及应用安装

PHP(Hypertext Preprocessor，超文本预处理器) 是一种通用开源脚本语言，其语法吸收了 C 语言、Java 和 Perl 的特点，利于学习，使用广泛，主要适用于 Web 开发领域。环境就是条件，PHP 环境是指，要装些什么东西才能使计算机读懂 PHP 并执行 PHP 里面的语言。

使用虚拟主机的用户可能很少会关注到 Web 服务器的搭建，但是对于那些购买了 Windows、Linux VPS 或服务器的用户来说，如何在 VPS 服务器上快速搭建一个 Apache、PHP、PhpMyAdmin、MySQL 的 Web 服务器就是最重要的问题了。

很多用户经常找一些免费空间来作为建站程序测试之用，其实完全可以在自己的 PC 上搭建一个 Web 服务器，在本地完成测试，不仅高效快捷，而且还可以保证源码数据的安全。

2.7.1　UPUPW 安装

运行 PHP 需要网页服务，如 Apache、PHP、MySQL 协同工作。UPUPW 绿色服务器平台诞生于 2013 年 3 月，凭借 Windows 系统的广泛适用性，UPUPW 为广大 PHP 爱好者提供了一个绿色便捷、基于 Windows 系统的 PHP 运行环境。UPUPW PHP 环境集成包无须安装，无须搭建，无须复杂配置，而且是免费的，运行起来也是无广告、无插件、无压力。

UPUPW PHP 环境集成包括 Apache、Nginx、Kangle、PHP、MySQL、MariaDB 等组件。

双击安装程序即可进行安装，安装完成后自动启动运行向导，如图 2-90 所示。

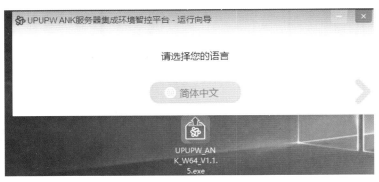

图 2-90　启动运行 UPUPW 向导

(1) 单击"简体中文"下拉按钮，可以在下拉菜单中选择语言，保持默认，单击"下一步"按钮，如图 2-91 所示。

(2) 查看使用协议，单击"下一步"按钮，如图 2-92 所示。

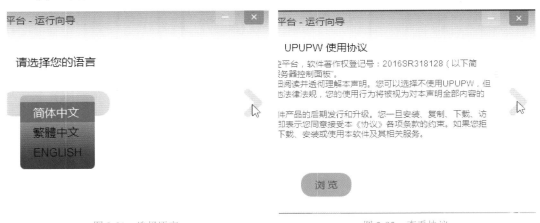

图 2-91　选择语言　　　　　　　　　　　　图 2-92　查看协议

(3) 选择运行模式，这里选择 Apache，单击"下一步"按钮，如图 2-93 所示。

(4) 选择脚本语言、数据模块、缓存模块，单击"应用"按钮，如图 2-94 所示。

图 2-93　选择运行模式　　　　　　　　　　图 2-94　选择脚本模块

(5) 软件自动写入需要的内容，完成后，单击"下一步"按钮，如图 2-95 所示。

(6) 完成设置，单击"确定"按钮，如图 2-96 所示。

cp850.xml配置文件写入完毕！
cp852.xml配置文件写入完毕！
cp866.xml配置文件写入完毕！
dec8.xml配置文件写入完毕！
geostd8.xml配置文件写入完毕！
greek.xml配置文件写入完毕！
hebrew.xml配置文件写入完毕！
hp8.xml配置文件写入完毕！
Index.xml配置文件写入完毕！
keybcs2.xml配置文件写入完毕！

UPUPW 设置完毕！

扫一扫　　　　微信 扫一扫

我们坚守寂寞只为大家不再重复我们的寂寞！

确定

图 2-95　完成写入　　　　　　　图 2-96　完成设置

2.7.2 UPUPW 设置

UPUPW 设置完成后进入主界面，可以在菜单栏上看到主要的组件，如 Apache、数据库、PHP 等。用户可以单击需要修改的选项，进行详细参数的配置，如图 2-97 所示。

图 2-97　配置组件

在主界面右侧，可以通过按键控制服务，也可以单击相关按钮开启服务，或者再次单击按钮，关闭服务；还可以切换模式和一键开启、关闭、清除服务，如图 2-98 所示。

通过主菜单的全局设置，可以增加插件或者修改配置，如图 2-99 所示。

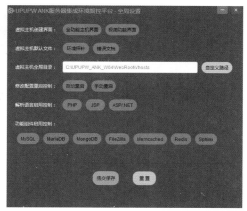

图 2-98　服务启动管理　　　　　　图 2-99　全局设置

2.7.3 启动网页服务

下面介绍网页服务器的启动过程。

(1) 在主界面中单击全局首页图标，单击"+"号按钮，添加虚拟主机，如图 2-100 所示。

(2) 输入网站名称、主目录、监听端口、监听 IP、主机头以及采用的功能组件及其版本，完成后，单击"提交保存"按钮，如图 2-101 所示。

图 2-100　新建虚拟主机

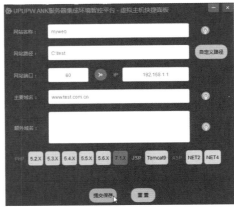

图 2-101　服务管理器

(3) 软件会提示创建完毕，退出，单击"一键开启"按钮，开启服务，如图 2-102 所示。

(4) 单击刚建立的 myweb 图标，如图 2-103 所示。

图 2-102　开启服务

图 2-103　单击图标

(5) 系统弹出浏览器，可以查看到网页服务及 PHP 环境是正常的，如图 2-104 所示。

图 2-104　PHP 测试页面

2.7.4 搭建 PHP 网站

论坛是十分常见的网站类型，常应用于网友之间的交流。使用论坛软件可以十分方便地搭建论坛，下面介绍具体搭建步骤。

(1) 下载论坛软件，解压文件，可以看到有 3 个文件夹，将"upload"文件夹中的文件使用 FTP 客户端等手段放置到网站主目录中，如图 2-105 所示。

(2) 关闭其他所有的网页服务程序，包括 IIS、Apache、第三方网页服务软件等。启动UPUPW 及所有的组件功能，如图 2-106 所示。如果有些服务没有启动，可以手动启动，或者多单击几次"一键开启"按钮即可。如果仍不能启动，根据软件提示，检查是否是其他软件和本软件有冲突。完成后，可以关闭软件或者将其最小化。启动后，所有服务已经在后台运行了。如果要使用其他服务软件，也需要先将 UPUPW 关闭掉。

图 2-105　上传安装文件　　　　　　　　　　　图 2-106　启动 UPUPW

(3) 如果 DNS 配置好，那么使用域名访问网站，否则，使用 IP 地址或者 127.0.0.1 访问网站，则会自动启动论坛的安装程序，单击"我同意"按钮，如图 2-107 所示。

(4) Discuz 检测用户的 PHP 环境是否符合安装要求，如图 2-108 所示。如果满足，将界面拉到下方，单击"下一步"按钮。

图 2-107　启动安装

图 2-108　检查安装环境

(5) 设置安装模式，选中"全新安装"单选按钮，单击"下一步"按钮，如图 2-109 所示。

图 2-109　全新安装

(6) 开始安装论坛数据库，这里需要输入数据库的用户名、密码，并设置论坛管理员账号、密码、Email 信息等，完成后，单击"下一步"按钮，如图 2-110 所示。本地搭建的服务，可以查看 UPUPW 的默认参数，如果使用的是网上的虚拟主机，那么需要服务商提供相关信息。

图 2-110　配置数据库信息

(7) 软件自动安装，稍等片刻，如图 2-111 所示。

图 2-111　开始安装

(8) 软件提示安装成功，用户可以使用网站地址进行访问，如图 2-112 所示。

图 2-112　访问论坛

其他 PHP 网站还有个人博客系统、个人商城系统、企业网站、校友录等，用户可以按照上面的方法进行搭建学习、测试，然后购买空间，即可发布属于自己的个人网站。

在实施过程中，用户可以使用不同的主机头、不同的 IP 地址、不同的端口号、不同的虚拟目录等，在同一台主机上搭建多个网站。

用户如果感兴趣，可以深度了解 Apache、Mysql、PHP 等，手动配置会更加灵活。完成了服务器的安装，管理好论坛、微博、商城也需要更多的技术和工作。

课后作业

一、填空题

1. VMware Workstation Pro 的主要作用是 _____。

2. VMware Workstation Pro 主要的网络连接形式有 _____、_____、_____。

3. 想要实现虚拟机内系统随窗口大小随意调节以及文件拖曳传输，需要安装 _____。

4. 可以在 _____ 设置系统默认分配的网络地址网段和其他网络参数。

5. 在使用 SERV-U 配置 FTP 服务器时，需要设置 _____、_____、_____、_____。

二、选择题

1. 在 UPUPW 中，集成的组件有（　　）。

A Apache   B php

C MySQL   D Office

2. 使用第三方工具搭建网页服务器后，无法访问，原因有可能是（　　）。

A 服务未启动   B 服务冲突

C 无主页文件   D IP 错误

3. 下面哪个选项是虚拟机无法进行添加的（　　）。

A CPU   B 内存

C 硬盘   D 显示器

4. 虚拟机报 VT 错误，应该采用下面哪种方法解决故障（　　）。

A 重新安装虚拟机   B 更换台式机

C 进入 BIOS 开启虚拟化支持   D 更换 CPU

5. 虚拟机开机显示从网络启动，产生问题的主要原因有（　　）。

A 未安装系统   B 启动顺序设置错误

C 硬盘错误   D 镜像有问题

三、动手操作与扩展训练

1. 使用虚拟机安装两个系统，同时启动，并可以互相 PING 通。

2. 使用虚拟机及 UPUPW 软件搭建论坛，并邀请局域网用户加入。

3. 使用虚拟机搭建一个 FTP 服务器，为局域网提供文件共享服务。

截获信息

第**3**章

内容导读

一般在进行网络攻击时，首先需要获取目标的各种网络信息，然后进行入侵等操作。在获取信息时，一般会使用扫描、嗅探、伪装、欺骗等手段，有时是多种手段复合进行信息截获。

本章将从以上介绍的各种手段着手，向读者介绍截获信息的原理、步骤，并介绍防御的方法。

3.1 嗅探

嗅探属于被动攻击，目的是复制经过网络传输的信息，如图 3-1 所示。这一过程一般不影响网络的正常传输，而且对网络和主机都是透明的。

网络嗅探的基础是数据捕获，网络嗅探系统是并接在网络中来实现对数据的捕获的，这种方式和入侵检测系统相同，因此被称为网络嗅探。网络嗅探是网络监控系统实现的基础。

图 3-1　通过嗅探获取信息

3.1.1 通过常用网络设备进行嗅探

网络信息传输离不开网络设备，所以在不同的网络设备上，嗅探的方法也有差别。

1. 集线器嗅探原理

使用集线器组建的网络是基于共享原理的，局域网内所有的计算机都接收相同的数据包，而网卡构造了硬件的"过滤器"，通过识别 MAC 地址过滤掉和自己无关的信息，嗅探程序只需关闭这个过滤器，将网卡设置为"混杂模式"就可以进行嗅探，这样就可以将所有经过集线器传输的数据全部截获，如图 3-2 所示。

图 3-2　集线器嗅探示意

2. 交换机嗅探原理

用交换机 Switch 组建的网络是基于"交换"原理的，交换机不是把数据包发到所有的端口上,而是发到目的网卡所在的端口,这样嗅探起来会麻烦一些,嗅探程序一般利用"MAC 地址欺骗"的方法,通过改变 MAC 地址等手段,欺骗交换机将数据包发给自己,嗅探分析完毕再转发出去。原理如图 3-3 所示。

图 3-3 交换机嗅探

其实,企业级交换机为了方便管理,还具有端口镜像功能,即将所有发往某个端口的数据复制并同时发送到设置的监控端口,以方便管理员管理使用。

3. 路由器嗅探原理

所谓的路由器嗅探就是路由器 ARP 欺骗。通过改变 MAC 地址等手段,欺骗交换机将数据包发给自己,嗅探分析完毕再转发出去,过程如图 3-4 所示。

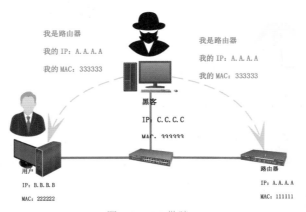

图 3-4 ARP 欺骗

3.1.2 使用软件进行嗅探

网络嗅探需要用到网络嗅探器,其最早是为网络管理人员配备的工具,网络管理员利用嗅探器可以随时掌握网络的实际情况,查找网络漏洞和检测网络性能,当网络性能急剧下降的时候,可以通过嗅探器分析网络流量,找出网络阻塞的来源。嗅探器也是很多程序人员在编写网络程序时抓包测试的工具,因为网络程序都是以数据包的形式在网络中进行传输的,因此难免有协议头定义不对的。下面介绍如何使用软件在以上网络环境中进行嗅探。

1. 使用 Sniffer Pro 进行嗅探

Sniffer Pro 是一款协议分析软件,具有捕获网络流量进行详细分析、利用专家模式分析系统诊断问题、实时监控网络活动、收集网络利用率和错误等功能。

Sniffer 支持的协议很丰富,例如,PPPOE 协议等在 NetXray 并不被支持,在 Sniffer 上能够进行快速解码分析;Netxray 不能在 Windows 2000 和 Windows XP 上正常运行,Sniffer Pro 4.6 则可以运行在各种 Windows 平台上。

(1) 安装完毕后,双击图标进入主界面,如图 3-5 所示。

(2) 在"监视器"下拉菜单中选择"定义过滤器"选项,如图 3-6 所示。

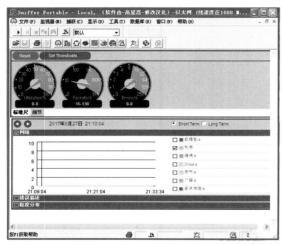

图 3-35　软件主界面

图 3-6　启动过滤器

(3) 弹出"定义过滤器 - 监视器"对话框,在"地址"选项卡中定义监控的数据方向,如图 3-7 所示。

图 3-7　定义监控地址信息

(4) 切换到"高级"选项卡,定义监控的协议为 TCP、UDP,如图 3-8 所示。

(5) 配置完成后的,单击"确定"按钮返回到主界面,在"捕获"下拉菜单中,选择"开始"选项,进行捕获,如图 3-9 所示。

图 3-8 选择协议类型

图 3-9 开始捕获

(6) 完成捕获后，单击"停止和显示"按钮，查看捕获的数据，如图 3-10 所示。用户也可以双击数据，查看更详细的内容，如图 3-11 所示。

图 3-10 查看捕获内容

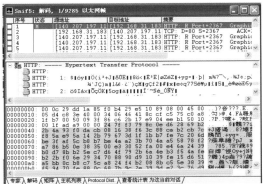

图 3-11 查看详细数据

2. 使用超级嗅探狗进行嗅探

超级嗅探狗网络管理软件是为企业量身定做的信息监控系统，只需要在一台计算机上安装超级嗅探狗即可对局域网内所有计算机使用互联网的情况进行有效的管理和控制。

(1) 内容监控。通过网络监控局域网内 MSN、QQ 等聊天内容，文件传输的相关内容，记录网页浏览标题、网站链接、访问时间等。

(2) 行为监控。支持禁止聊天、收发邮件、流媒体、游戏股票、P2P 下载等各种上网行为，支持监控 90 多种协议和软件。对聊天、邮件、网页、文件下载作黑白名单设置等。可以根据流量大小和实时带宽两种模式监控管理网络行为的流量和带宽。

(3) 查询统计。根据时间统计计算机的上网内容、上网行为明细等，针对所有人或者指定对象查询历史时间内的上网明细数据及统计。

(4) 网页过滤。内置知识类、商业类、休闲类、游戏类、成人类等 50 多种网页分类，完全实现根据不同的网页内容进行过滤 (用户也可自行分类)。

具体设置方法如下。

(1) 启动程序，或者在浏览器中输入 IP+ 端口号，进入登录界面，输入配置好的用户名及密码，单击"登录"按钮，如图 3-12 所示。

(2) 进入设置向导，单击"下一步"按钮，如图 3-13 所示。

图 3-12　登录管理界面　　　　　　　　　图 3-13　进入设置向导

(3) 选择控制模式为"串联模式"，单击"下一步"按钮，如图 3-14 所示。

(4) 设置带宽，单击"下一步"按钮，如图 3-15 所示。

图 3-14　设置控制模式　　　　　　　　　图 3-15　设置带宽参数

(5) 设置监控的 IP 地址段，单击"下一步"按钮，如图 3-16 所示。

(6) 配置日志保存参数，单击"完成"按钮，如图 3-17 所示。

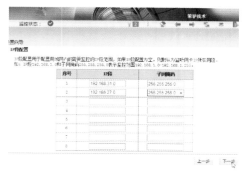 

图 3-16　设置监控地址段　　　　　　　　图 3-17　完成设置

(7) 切换到"常用"选项卡的"所有在线"选项，在设备中，可以查看当前所有局域网中的计算机、IP 地址、主机名称，以及嗅探到的各种信息，如用户单击"网页浏览"列中的数字链接，如图 3-18 所示。

(8) 用户可以查看该主机访问的所有网页信息，并且可以单击查看其浏览的内容，如图 3-19 所示。

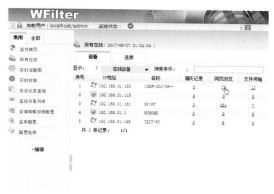

图 3-18　查看嗅探到的网页

图 3-19　查看详细内容

(9) 用户还可以查看主机下载的文件信息，如图 3-20 所示，以及 QQ、MSN 等 QQ 账号、聊天记录等信息，如图 3-21 所示。

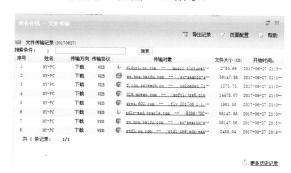

图 3-20　查看下载的文件

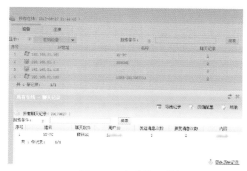

图 3-21　查看聊天数据

 3.2　扫描端口

计算机"端口"(port)，可以认为是计算机与外界通信交流的出口。按端口号可分为 3 大类：公认端口、注册端口、动态和 / 或私有端口等。

(1) 公认端口。从 0 ～ 1023，它们紧密绑定 (binding) 于一些服务。通常这些端口的通信明确表明了某种服务的协议，例如：80 端口实际上总是 HTTP 通信。

(2) 注册端口。从 1024 ～ 49151。它们松散地绑定于一些服务。许多服务绑定于这些端口，这些端口同样用于许多其他目的。例如：许多系统处理动态端口从 1024 左右开始。

(3) 动态和 / 或私有端口。从 49152 ～ 65535。理论上，不应为服务分配这些端口。实际上，机器通常从 1024 起分配动态端口。

一些端口常常会被黑客利用，还会被一些木马病毒利用，来对计算机系统进行攻击。

3.2.1 常见端口及作用

(1) 端口 21。FTP 服务器所开放的端口，用于上传、下载。攻击者常用此端口寻找打开 anonymousFTP 服务器的方法。这些服务器带有可读写的目录。该端口也是木马 Doly Trojan、Fore、Invisible FTP、WebEx、WinCrash 和 Blade Runner 所开放的端口。

(2) 端口 22。PcAnywhere 建立的 TCP 和这一端口的连接可能是为了寻找 ssh。

(3) 端口 23。Telnet，远程登录，通常入侵者运用此端口搜索远程登录服务。大多数情况下扫描这一端口是为了找到机器运行的操作系统。运用其他技术，通过此端口入侵者也会找到登录密码。木马 Tiny Telnet Server 就开放这个端口。

(4) 端口 25。SMTP 简单邮件传输协议，被很多黑客使用，如木马 Ajan、Antigen、ProMail、trojan、WinPC、WinSpy 等，WinSpy 就通过此端口监控计算机窗口及模块。

(5) 端口 53。DNS 服务器所开放的端口，入侵者可通过此端口进行区域传递 (TCP)，欺骗 DNS(UDP) 或隐藏其他通信。因此防火墙常常过滤或记录此端口。

(6) 端口 79。Finger Server，入侵者通过此端口获得用户信息，查询操作系统，探测已知的缓冲区溢出错误，回应从自己机器到其他机器 Finger 扫描。

(7) 端口 80。HTTP，用于网页浏览。木马 Executor 开放此端口。

3.2.2 端口扫描原理

一个端口就是一个潜在的通信通道，也就是一个入侵通道。端口扫描，顾名思义就是逐个对一段端口或指定的端口进行扫描，通过扫描结果可以知道一台计算机提供了哪些服务，然后可以通过所提供的这些服务的已知漏洞进行攻击。

其原理是当一个主机向远端的一个服务器的某一个端口提出建立一个连接的请求，如果对方有此项服务，就会应答，如果对方未安装此项服务，就会无应答。利用这个原理，对所有熟知端口或自己选定的某个范围内的熟知端口分别建立连接，并记录下远端服务器所给予的应答，通过查看记录就可以知道目标服务器上安装了哪些服务。通过端口扫描，就可以搜集到很多关于目标主机的各种很有参考价值的信息。例如，对方是否提供 FTP 服务、WWW 服务或其他服务。

使用端口扫描，一方面是黑客入侵的必要阶段；另一方面，可以发现系统端口的漏洞，及时关闭；或者发现入侵的痕迹并采用合适的反入侵手段。

3.2.3 使用软件进行端口扫描

用户可以使用命令或者第三方工具进行端口扫描。对于初学者，建议使用一些专业软件进行端口扫描，使用方便、结果直观。

1. 使用 Advanced Port Scanner Portable 进行扫描

Advanced Port Scanner 是一款免费的网络扫描工具，能够快速找到网络计算机上的开放端口，并对检测到的端口上运行的程序版本进行检索。该程序具有友好的用户界面和丰富的功能。

该程序提供以极高的速度对网络设备进行多线程端口扫描的能力，使用户能够识别所有开放端口(TCP 和 UDP)上运行的程序。除了端口扫描工具的核心功能以外，该程序还提供一系列丰富的局域网管理功能。得益于友好的用户界面，该程序能够简化用户在局域网方面的管理工作。为了进行扫描和其他操作，用户还可以将扫描结果导出为 .xml、.html 以及 .csv 格式。

(1) 双击下载好的软件图标，启动安装程序，软件提示选择语言，单击"确定"按钮，如图 3-22 所示。

(2) 选择软件运行模式。"安装"：将程序安装到计算机上使用；"运行"：运行便携版本，无须安装，即可使用。这里选中"运行"单选按钮，单击"运行"按钮，如图 3-23 所示。

图 3-22　选择语言

图 3-23　选择运行模式

(3) 稍等片刻，软件提取内容到系统缓存，如图 3-24 所示。

图 3-24　软件提取文件

(4) 安装完成系统弹出软件主界面，如图 3-25 所示。此时软件已经将本计算机连接的所有网段加入到了扫描范围内，单击"扫描"按钮，进行扫描。

图 3-25　启动扫描程序

(5) 稍等片刻，系统扫描完成，并显示扫描结果，如图 3-26 所示。

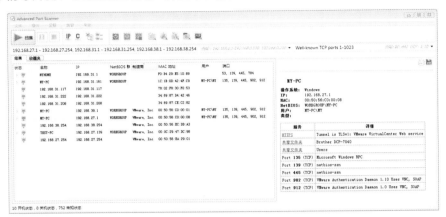

图 3-26　扫描结果

用户可以选择需要查看的主机，并通过结果框查看操作系统、IP 地址、MAC 地址、NetBIOS、用户，以及所有扫描出来的 TCP 端口、共享、HTTP 等及其详细信息。还可以进行如下高级操作。

(1) 修改扫描地址。如果用户需要扫描某一具体 IP，直接输入 IP 地址即可，如图 3-27 所示。

图 3-27　扫描单个 IP 地址

(2) 修改扫描端口。该软件默认扫描的是常用的 TCP 端口 1-1023，用户可以在界面右上角的条件文本框中输入筛选条件，如 TCP 或 UDP、扫描端口的范围等，如图 3-28 所示。一般情况下，用户通过扫描第一类公认端口来判断机器有没有异常。

图 3-28　扫描端口设置

(3) 访问网页服务。用户可以通过单击扫描出来的网页连接直接登录具有网页服务的服务器，如图 3-29 所示。

(4) 高级功能。如果用户入侵成功，获取管理员账号密码，还可以通过右击该计算机，实现远程关机操作，如图 3-30 所示。

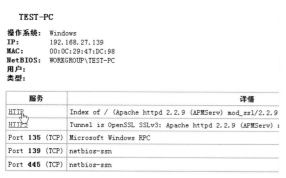

图 3-29　访问网页服务器

图 3-30　远程关机

(5) 远程控制。如果给对方安装了 Radmin 软件，还可以远程控制对方计算机，如图 3-31 所示。

(6) 其他功能。使用菜单还可以使用简单的网络测试命令，如图 3-32 所示。

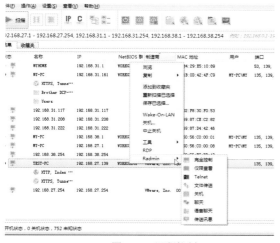

图 3-31　远程控制

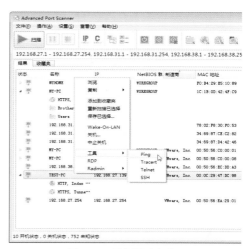

图 3-32　网络测试命令

2. 使用 X-Scan 进行扫描

X-Scan 是国内最著名的综合扫描软件之一，它完全免费，是不需要安装的绿色软件，界面支持中文和英文两种语言，包括图形界面和命令行两种操作方式。X-Scan 把扫描报告和安全焦点网站相连接，对扫描到的每个漏洞进行"风险等级"评估，并提供漏洞描述、漏洞溢出程序，方便网管测试、修补漏洞。

X-Scan 采用多线程方式对指定 IP 地址段（或单机）进行安全漏洞检测，支持插件功能，扫描内容包括：远程操作系统类型及版本，标准端口状态及端口 BANNER 信息，CGI 漏洞，IIS 漏洞，RPC 漏洞，SQL-SERVER、FTP-SERVER、SMTP-SERVER、POP3-SERVER、NT-SERVER 弱口令用户，NT 服务器 NETBIOS 信息等。扫描结果保存在 /log/ 目录中，index_*.htm 为扫描结果索引文件。

(1) 使用 X-Scan 软件前关闭杀毒软件、防火墙，因为 X-Scan 扫描过程中可能会误报。双击打开 X-Scan，如图 3-33 所示。

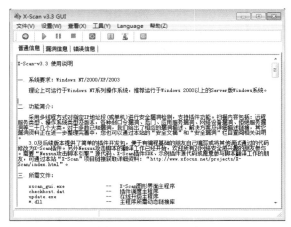

图 3-33　X-Scan 界面

(2) 在主界面中单击"设置"下拉按钮，选择"扫描参数"选项，如图 3-34 所示。

图 3-34　进行扫描参数设置

(3) 打开"扫描参数"窗口，设置检测的 IP 范围，如果不知道格式，可以单击右侧的"示例"按钮进行查看，如图 3-35 所示。

(4) 展开左侧的"全局设置"选项，选择"扫描模块"选项，在右侧的模块中，勾选需要扫描的内容，这里单击"全选"按钮，如图 3-36 所示。

(5) 选择"并发扫描"选项，并选择合理的线程数量，如图 3-37 所示。

(6) 选择"扫描报告"选项，勾选右侧的"保存主机列表"复选框，如图 3-38 所示。

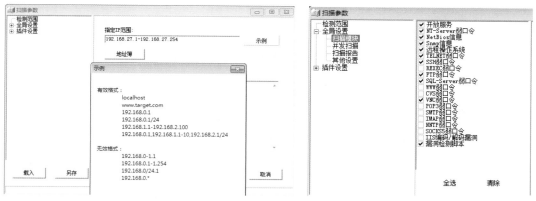

图 3-35　添加扫描范围　　　　　　　　　　　　图 3-36　添加扫描内容

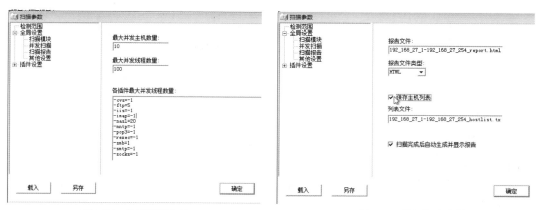

图 3-37　设置扫描数量　　　　　　　　　　　　图 3-38　设置报告参数

(7) 选择"其他设置"选项,勾选"显示详细进度"复选框,如图 3-39 所示。

(8) 展开"插件设置"下拉列表,选择"端口相关设置"选项,在右侧设置待检测端口,并在"预设知名服务端口"中,添加需要的端口和服务,完成后,如图 3-40 所示。

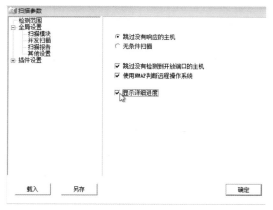

图 3-39　设置显示进度

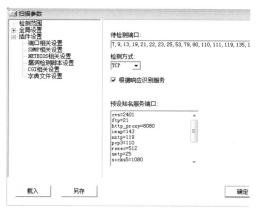

图 3-40　设置检测端口

(9) 在 SNMP 相关设置中，单击"全选"按钮。用户还可以浏览其他选项，如果有需要可以进行设置，完成后单击"确定"按钮，如图 3-41 所示。

(10) 返回到主界面中，单击"开始"按钮，进行扫描，如图 3-42 所示。

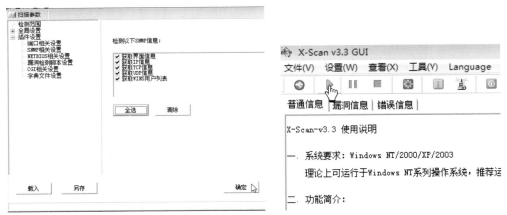

图 3-41　设置 SNMP 检测信息　　　　　　　　　图 3-42　开始进行扫描

(11) 扫描时间会根据局域网主机数量以及扫描内容的不同而不同，用户可以采用默认值进行扫描，这样扫描速度会快一点。扫描完成后，如图 3-43 所示。用户也可以查看扫描报告，如图 3-44 所示。

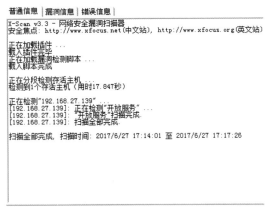

图 3-43　扫描完成

图 3-44　查看扫描报告

3.3　获取目标 IP 地址

无论是嗅探还是扫描，首先都需要知道对方的 IP 地址，获取 IP 地址的方法有很多，具体如下。

3.3.1 获取网站 IP 地址

如果知道网站域名，可以通过以下方法获取到网站的 IP。

1. ping

通过 ping 命令可以直接获取到网站的 IP，如图 3-45 所示。

2. nslookup

通常，因为网站都使用了集群功能，即多个服务器为网站做了备份，用户如果要获取更详细全面的 IP 地址，可以使用 nslookup 对域名进行解析，如图 3-46 所示。

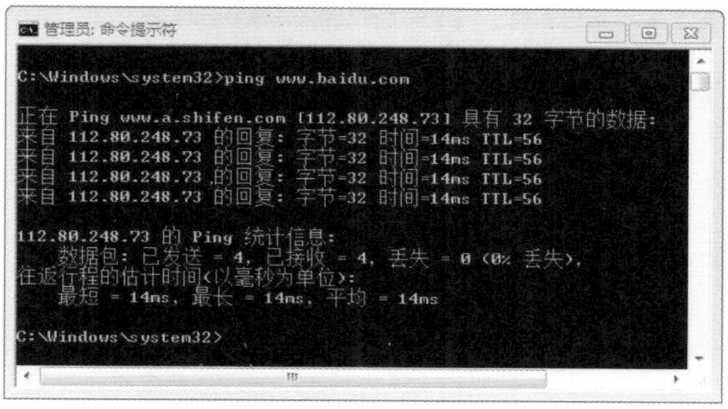

图 3-45　获取网站 IP

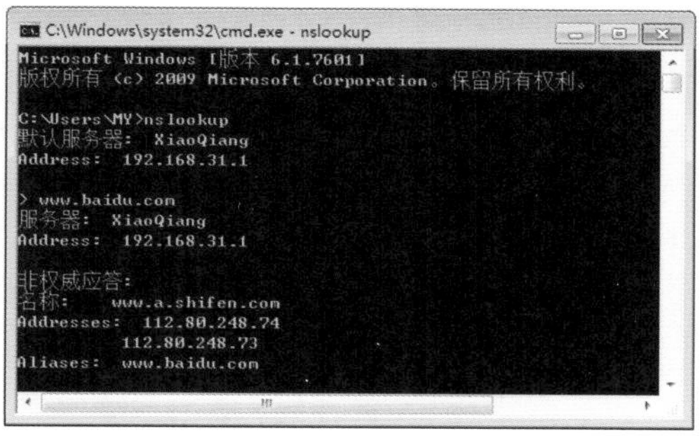

图 3-46　查看服务器集群 IP 地址

从图 3-46 所得的结果中可以看到该域名对应了两个 IP 地址，实际上，IP 地址可能更多，这样可以起到冗余备份、负载平衡的效果。

3.3.2 通过即时通信类软件获取地址

除了网站地址，黑客更倾向于获取到个人或公司计算机的 IP 地址。因为大中型网站的安全措施比较全面，即个人及公司的安全措施相对较弱，获取也更加容易。比较常见的就是通过一些即时通信类（聊天类）软件获取到对方的 IP。

但是，随时即时通信类软件的安全措施越来越严，通过这类软件获取 IP 也越发困难。而且聊天软件使用了 UDP 进行传输，通过服务器进行信息的安全性加密，所以几乎获取不到对方 IP 地址。即使在通过 TCP 进行连接的情况下，获取到的仍然不是对方的内网 IP，而是通信服务器的 IP，所以需要其他获取途径。

虽然通过传统方法获取 IP 的难度加大，但是有些特殊情况下仍然能获得一些 IP 信息。下面以局域网中使用即时通信类软件为例，介绍 IP 的获取方法。

1. 使用资源监视器

(1) 下面以 QQ 为例来介绍如何使用即时通信软件来查询 IP。如果即时通信类软件使用了 UDP 进行传输，也就是普通信息的收发，那么对方的 IP 基本获取不到。用户需要采用一些特殊手段，如让对方发送大型文件、远程协助、语音通话等，让双方建立稳定的 TCP 连接。在此之前，需要使用系统自带的软件 - 资源监视器。启动 QQ 后，在任务栏右击，弹出的快捷菜单中选择"启动任务管理器"选项，如图 3-47 所示。

(2) 在"Windows 任务管理器"窗口中单击"资源监视器"按钮，如图 3-48 所示。

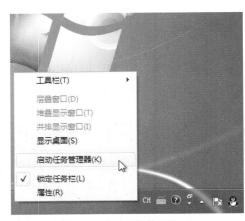

图 3-47　启动任务管理器

图 3-48　启动资源监视器

(3) 打开"资源监视器"窗口，在"概述"选项卡中勾选 QQ.exe 复选框，如图 3-49 所示。

图 3-49　选择监视对象

(4) 切换到"网络"选项卡，可以查看到在"TCP 连接"中，存在两个 QQ 的 TCP 连接信息，如图 3-50 所示。但该 IP 仅仅是 QQ 与腾讯服务器之间的连接，是确保 QQ 在线状态的，没有实质意义，需要进行记录，用于比较筛选使用。

(5) 在 QQ 通信录中，找到需要获取 IP 的用户，发送测试文件，待对方接收时，查看资源监视器，如图 3-51 所示。

图 3-50　TCP 原始连接

图 3-51　传送后连接

可以查看到瞬间增加了很多 TCP 连接，这时，用户需要快速记录或者截屏后记录，并进行筛选。80 和 15000 端口一般是与服务器之间的通信，而 64390 与 64391 为特殊端口，这种类型的一般就是与对方实际通信的地址。之所以要快速记录，是因为 TCP 连接后保持一段时间就会被计算机关闭掉。

排除不需要的 IP，剩下的就是局域网中与我方刚才通信的主机 IP：192.168.27.1，当然 192.168.31.161 也是，只是两者是同一台计算机。因为测试平台的关系，两个 IP 都是真实机。

2. 使用命令查看

(1) 单击系统左下角"开始"按钮，在"附件"中右击"命令提示符"选项，在弹出的快捷菜单中选择"以管理员身份运行"选项，如图 3-52 所示。

(2) 再次传送文件，待对方接收后，使用命令"netstat –b"命令，如图 3-53 所示。

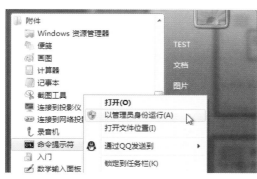 

图 3-52　运行命令提示符　　　　图 3-53　查看此时的 TCP 连接

从图 3-53 所示的列表中，可以查看到处于"ESTABLISHED"状态的连接有很多。因为当前网络无其他连接，所以所有的 TCP 连接都属于 QQ。对方的 IP 是 MY-PC，是主机名，还可以从中看到开放的端口信息。

(3) 通过命令查询主机名对应的 IP 地址，如图 3-54 所示。

图 3-54　查询主机名与 IP

除了 ping 命令，用户也可以通过"nbtstat –c"查看 NETBIOS 缓存表，查询与本计算机通信过的主机与 IP 的对应关系。

用户也可以通过以上的方法监控与查询本机其他软件，如浏览器、旺旺等，与外界服务器、客户端的通信地址。

3.3.3 查询信息

1. 查询 IP 地址的信息

在获取了 IP 后，可以通过查询功能了解到该 IP 对应的地区、服务商等内容，如图 3-55 所示。

图 3-55　查询 IP 地址详细信息

2. 查询域名信息

域名可以让用户不用记下纯数字 IP 地址，而且域名可以和多个 IP 地址绑定，方便更换。如果用户需要了解域名的详细信息，可以使用"WHOIS"网站进行查询，如图 3-56 所示。

图 3-56　域名注册信息

3. 网站备案信息查询

在 Internet 中，任何一个网站在正式发布之前都需要向有关机构申请域名，申请到的域名信息将会保存在域名管理机构的数据库服务器中，并且域名信息常常是公开的，任何人都可以对其进行查询。这些信息统称为网站的备案信息，它对于黑客来说也是有用的，黑客利用这些数据可以了解该网站的相关信息，以确定入侵攻击的方式和侵入点。

网站备案信息可以让用户了解网站的基础信息，用户可以通过网站底部的备案信息进行查看，也可以从网站上查看，如图 3-57 所示。

图 3-57　工信部域名备案查询系统

 ## 3.4　常用网络命令

在 3.3 节中，使用了命令行命令获取 IP 地址的方法，使用其他命令可以方便地实现一些网络测试及信息获取功能：如 IP 信息、主机信息、开放端口信息等。下面介绍比较常用的命令行网络命令及其具体应用场景。

用户可以在桌面上使用 Win+R 组合键调出"运行"对话框，输入命令"cmd"，如图 3-58 所示。按 Enter 键后，弹出命令提示符界面，如图 3-59 所示。

图 3-58　"运行"对话框

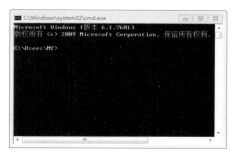

图 3-59　进入命令提示符界面

当用户不知道命令的用法与参数，可以使用"命令 /?"来了解详细的选项及含义，如图 3-60 所示。

图 3-60　查看命令用法与参数

3.4.1 ping 命令

ping 是用来检查网络是否通畅或者网络连接速度的命令。对于一个活跃在网络上的管理员或者黑客来说，ping 命令是第一个必须掌握的命令。网络上的每个计算机都有唯一确定的 IP 地址，给目标 IP 地址发送一个数据包，对方就要返回一个同样大小的数据包，根据返回的数据包可以确定目标主机的存在，并初步判断目标主机的操作系统等。

用法

ping [-t] [-a] [-n count] [-l size] [-f] [-i TTL] [-v TOS] [-r count] [-s count] [[-j host-list] | [-k host-list]] [-w timeout] [-R] [-S srcaddr] [-4] [-6] target_name

参数

-t：不间断向目标 IP 发送数据包，直到强迫其停止为止。试想，如果使用 100M 的宽带接入，而目标 IP 是 56K 的小猫，那么要不了多久，目标 IP 就会因为承受不了这么多的数据而掉线。

-a：将地址解析成主机名。

-n count：定义向目标 IP 发送数据包的次数，默认为 3 次。如果网络速度比较慢，3 次也会使用不少时间，如果仅仅是判断目标 IP 是否存在，可以定义为 1 次。

-l size：定义发送数据包的大小，默认为 32 字节，利用它可以将数据包最大定义到 65 500 字节。结合上面介绍的 -t 参数一起使用，会有更好的效果。

实例

(1) 测试本机网卡是否正常，并解析本机名称，命令："ping –a IP"，如图 3-61 所示。

127.0.0.1 代表本地 IP 回环地址，简单理解为本机，也可以使用本机 IP 地址。可以看到解析到本机名称为"MY-PC"，能收到返回的数据包，说明网卡是没有问题的。

(2) 测试路由器等网络设备或者主机是否可用，命令"ping IP –t"，如图 3-62 所示。

可以看到，路由器返回了数据包，而且延时很低，说明网络状态良好。由于使用了 -t 的参数，主机会一直进行 Ping 操作，直到使用"Ctrl+c"强行退出。

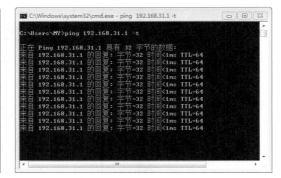

图 3-61　查看本机网卡是否正常　　　　　图 3-62　测试局域网连通性

(3) 测试网站的连通性，"ping 网址"，如图 3-63 所示。

除了使用 IP 地址，还可以使用网址进行测试，说明到该网站的物理链路是通的。

图 3-63　测试到网站的连通性

3.4.2 nbtstat 命令

nbtstat 命令是使用 TCP/IP 上的 NetBIOS 显示协议统计和当前 TCP/IP 的连接，使用这个命令可以得到远程主机的 NETBIOS 信息，比如用户名、所属的工作组、网卡的 MAC 地址等。

用法

nbtstat [[-a RemoteName] [-A IP address] [-c] [-n] [-r] [-R] [-RR] [-s] [-S] [interval]]

参数

-a：知道了远程主机的机器名称，就可以得到它的 NETBIOS 信息。

-A：也可以得到远程主机的 NETBIOS 信息，但需要知道它的 IP。

-n：列出本地机器的 NETBIOS 信息。

当得到了对方的 IP 或者机器名的时候，就可以使用 nbtstat 命令来进一步得到对方的其他信息了，这又增加了入侵的成功系数。

实例

(1) 查看目标 NetBIOS 名称，命令"nbtstat –a IP"，如图 3-64 所示。

(2) 查看当前计算机所有 NetBIOS 信息，命令"nbtstat –n"，如图 3-65 所示。

图 3-64　查看目标计算机 NetBIOS 信息　　　图 3-65　查看本机所有 NetBIOS 信息

3.4.3 netstat 命令

netstat 是用于监控 TCP/IP 网络的命令，使用该命令可以显示协议统计、查看路由表、实际网络连接以及每一个网络接口设备的状态信息等。

用法

netstat [-a] [-b] [-e] [-f] [-n] [-o] [-p proto] [-r] [-s] [-t] [interval]

参数

-a：查看本地计算机的所有开放端口，可以有效发现和预防木马，可以知道计算机所开的服务等信息。

-r：列出当前的路由信息，包括本地机器的网关、子网掩码等。

-b：显示在创建每个连接或侦听端口时涉及的可执行程序。

-e：显示以太网统计。此选项可以与 -s 选项结合使用。

-f：显示外部地址的完全限定域名 (FQDN)。

-n：以数字形式显示地址和端口号。

-o：显示拥有的与每个连接关联的进程 ID。

-p proto：显示 proto 指定的协议的连接；proto 可以是下列任何一个：TCP、UDP、TCPv6 或 UDPv6 等。如果与 -s 选项一起用来显示每个协议的统计，proto 可以是下列任何一个：IP、IPv6、ICMP、ICMPv6、TCP、TCPv6、UDP 或 UDPv6 等。

-s：显示每个协议的统计。默认情况下，显示 IP、IPv6、ICMP、ICMPv6、TCP、TCPv6、UDP 和 UDPv6 的统计。

-t：显示当前连接卸载状态。

实例

(1) 查看当前计算机的端口信息，命令 "netstat –a"，如图 3-66 所示。

向下滚动鼠标滚轮可以查看更多信息：可以查看本机开放了哪些端口，及与之对应的对方服务器 IP 地址及开放的端口；当前计算机状态，是监听、链接、超时、等待等，如图 3-67 所示。

图 3-66　查看计算机端口信息　　　　图 3-67　查看计算机状态信息

(2) 查看以太网统计数据，使用命令"netstat –e"，如图 3-68 所示。

图 3-68　查看以太网统计数据

(3) 查看当前网络接口信息、路由表信息，使用命令"netstat –r"，如图 3-69 及图 3-70 所示。

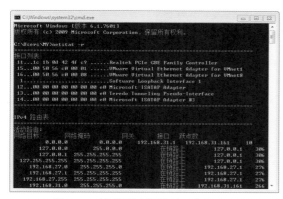

图 3-69　查看计算机网络接口信息

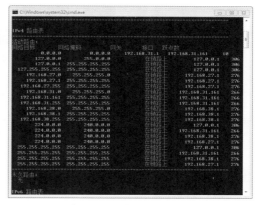

图 3-70　查看计算机路由表信息

3.4.4 tracert 命令

tracert 命令是用来跟踪路由信息的，使用此命令可以查出数据从本地计算机传输到目标主机所经过的所有路由器信息，这对了解网络布局和结构很有帮助。

用法

tracert [-d] [-h maximum_hops] [-j host-list] [-w timeout] [-R] [-S srcaddr] [-4] [-6] target_name

参数

-d：不将地址解析成主机名。

-h maximum_hops：搜索目标的最大跃点数。

-j host-list：与主机列表一起的松散源路由（仅适用于 IPv4）。

-w timeout：等待每个回复的超时时间（以毫秒为单位）。

-R：跟踪往返行程路径 (仅适用于 IPv6)。

-S srcaddr：要使用的源地址 (仅适用于 IPv6)。

-4：强制使用 IPv4。

-6：强制使用 IPv6。

实例

查看到达 www.baidu.com 主机经过了哪些路由器，命令"tracert IP/ 网址"，如图 3-71 所示。

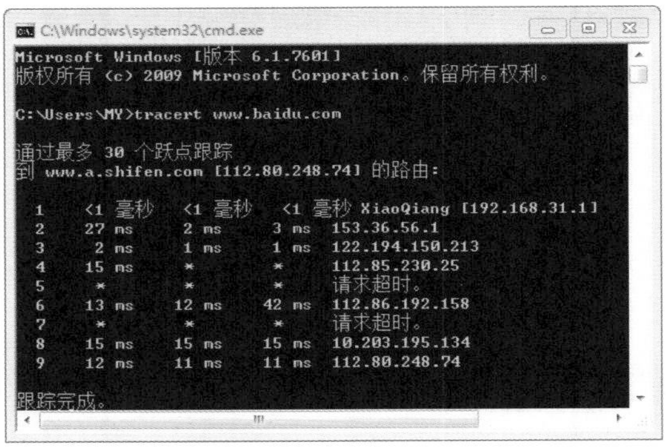

图 3-71　跟踪路由信息

3.4.5 ipconfig 命令

　　ipconfig 命令是用来查看当前计算机 TCP/IP 配置的预设值、刷新动态主机配置协议和域名系统设置、通过查看信息检查用户手动配置的 TCP/IP 是否正确等。

常用实例

(1) 查看当前 TCP/IP 简单配置信息，使用命令"ipconfig"，如图 3-72 所示。

　　如果要查看更详细的配置信息，可以使用命令"ipconfig/all"，如图 3-73 所示。

图 3-72　查看计算机 TCP/IP 配置信息　　　　　　　图 3-73　查看更详细的配置信息

(2) 释放当前从 DHCP 获取到的 IP，使用命令"ipconfig/release"，如图 3-74 所示。该

命令用于 DHCP 获取 IP 错误，或者由于各种原因造成网络无法获取到 IP、计算机卡在 IP 配置过程中等情况。该命令通常和"ipconfig/renew"配合使用。

(3) 刷新 DHCP 获取的 IP 信息，命令"ipconifg/renew"，如图 3-75 所示。稍等片刻，即可自动获取到 IP，并重新刷新租约状态。

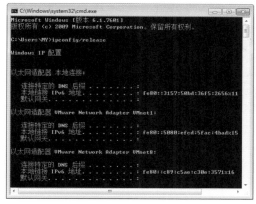

图 3-74　释放 IP 地址

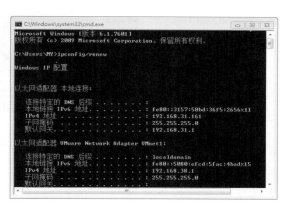

图 3-75　刷新并重新获取 IP 地址

(4) 清除 DNS 缓存，命令"ipconfig/flushdns"，如图 3-76 所示。计算机在浏览网页后，会保留网页的 DNS 缓存信息，当打开网页出现问题时，可以使用该命令刷新 DNS 解析缓存。

图 3-76　刷新 DNS 解析缓存

3.4.6 arp 命令

arp 命令可以进行 IP 和 MAC 的欺骗，管理员可以修改 ARP 缓存表。

常用实例

(1) 查看 ARP 缓存表，命令"arp –a"，如图 3-77 所示。

(2) 增加缓存条目，命令"arp –s IP MAC"，如图 3-78 所示。黑客入侵后，可以通过该方法进行欺骗，从而获取到需要的数据信息。

图 3-77　查看 ARP 缓存表　　　　　　图 3-78　增加并查看 ARP 缓存表的条目

(3) 删除缓存记录，命令"arp -d IP"，如图 3-79 所示。如果发现可疑的 ARP 条目，可以使用该命令进行删除。

图 3-79　删除 ARP 缓存表条目

3.4.7 nslookup 命令

用来监测网络中的 DNS 服务器是否能正确实现域名解析。黑客可以通过此命令探测一个大型网站究竟绑定了多少 IP。

常用实例

(1) 在命令提示符中输入命令"nslookup"，可以查看主机设置的默认 DNS 服务器名称及地址，如图 3-80 所示。

(2) 输入要查询 IP 的网址，如图 3-81 所示，可以查看该网址对应的 IP。

图 3-80　查看默认 DNS 服务器　　　　图 3-81　查询网址对应的 IP

3.4.8 net 命令

net 是 Windows 系统中最强大的命令之一，它可以管理网络、服务、用户、登录等本地或者远程信息。这是黑客和网络管理员最喜欢使用的命令之一，下面介绍比较常用的几个作用。

常用实例如下。

1. net view

查看局域网中所有的共享资源，格式为"net view"，如图 3-82 所示。

如果需要查看远程主机的所有共享资源，格式为"net view \\IP"，如图 3-83 所示。

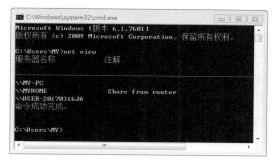
图 3-82　查看局域网共享资源

图 3-83　查看远程主机共享资源

2. net use

该命令用于建立与断开计算机与共享资源的连接。通常把远程主机的某个共享资源影射为本地盘符，图形界面方便使用。格式为"net use 本地盘符 \\IP\ 共享名"，如图 3-84 所示。

打开"计算机"，可以查看到共享映射盘符，双击即可访问，比从网上邻居中查找访问要快，如图 3-85 所示。

图 3-84　建立远程共享的本地映射

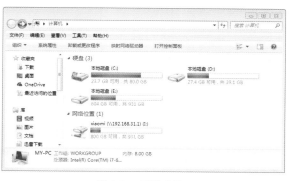
图 3-85　查看映射

3. net user

查看和账户有关的信息，包括新建账户、删除账户、查看特定账户、激活账户、账户禁用等。这对黑客入侵是很有利的。最重要的，它为克隆账户提供了前期准备。输入不带参数的 net user，可以查看本地所有账户，包括已经禁用的。

添加用户，命令"net user 用户名 密码 / add"，如图 3-86 所示。

图 3-86　添加用户

查看计算机上的用户，命令"net user"，可以查看计算机上存在哪些用户；使用命令"net user 用户名"查看某用户的详细信息，如图 3-87 所示。

图 3-87　查看用户信息

删除用户，命令为"net user 用户名 /del"；禁用用户，命令"net user 用户名 /active：no"，激活用户，命令"net user 用户名 /active：yes"。

4. net time

这个命令可以查看远程主机当前的时间。如果目标只是进入到远程主机，那么就用不到该命令。但若需要进一步渗透，就需要知道远程主机当前的时间，因为利用时间和其他手段可以实现某个命令和程序的定时启动，为进一步入侵打好基础。格式为"net time \\IP"，如图 3-88 所示。

5. net share

该命令用于管理共享资源，包括创建、删除或查看共享资源。查看共享资源的命令为"net share"，如图 3-89 所示。

图 3-88　查看远程计算机时间

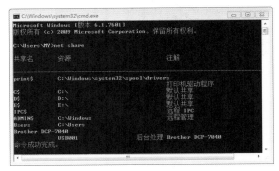

图 3-89　查看共享资源

6. net localgroup

该命令用于查看所有和用户组有关的信息和进行相关操作。输入不带参数的 net localgroup 命令即列出当前所有的用户组。在黑客入侵过程中，一般利用它来把某个账户提升为 administrators 组账户，这样利用这个账户就可以控制整个远程主机了。

用法："net localgroup groupname username /add"，如图 3-90 所示。

使用命令 net user abcd 可以查看该用户的详细信息，如图 3-91 所示。

图 3-90　将用户 abcd 提升为管理员组

图 3-91　用户 abcd 已经加入了 Administrators 组

7. net start/stop

使用该命令来启动远程主机上的服务。当用户与远程主机建立连接后，如果发现它什么服务都没有启动，而又想利用某些服务，就可以使用这个命令来启动某服务，用法："net start servername"，如图 3-92 所示。当然，用户也可以使用命令"net stop servername"来关闭某服务。

图 3-92　启动服务

3.4.9 ftp 命令

网络上开放 ftp 服务的主机很多，其中很大一部分都是匿名的，也就是说任何人都可以登录这些 ftp 主机。如果扫描到一台开放 ftp 服务的主机（一般都是开了 21 端口的机器），但是还不会使用 ftp 命令该怎么办？下面就给出基本的 ftp 命令的使用方法。

(1) 在命令提示符中，输入命令"ftp IP"，如图 3-93 所示。

图 3-93　进入 FTP 服务器

(2) 按要求输入用户名及密码，如果是默认的话，那么用户名及密码都是 ftp。完成验证后，如图 3-94 所示。

(3) 使用"cd 文件夹"进入文件夹，使用"dir"命令查看文件，如图 3-95 所示。

图 3-94　验证用户名及密码　　　　　　　图 3-95　查看文件夹及文件

(4) 使用命令"get 文件名 . 扩展名"下载文件，如图 3-96 所示。下载文件的存储位置在用户的默认文件夹中。

(5) 用户可以使用"put 文件名 . 扩展名"命令上传文件，如图 3-97 所示。需要注意，此时该文件夹权限必须是可写状态。

图 3-96　下载文件　　　　　　　　　　图 3-97　上传文件

(6) 使用"delete 文件名 . 扩展名"命令可以删除文件。使用"bye"和"quit"命令可以退出 FTP 命令状态，如图 3-98 所示。

图 3-98　删除文件并退出 FTP 命令状态

3.4.10　telnet 命令

telnet 是功能强大的远程登录命令。用户首先需要在"控制面板 - 程序和功能 - 打开或关闭 Windows 功能"中，勾选"Telnet 客户端"启动该功能，如图 3-99 所示。

图 3-99　启动 Telnet 功能

　　(1) 启动命令提示符，使用"telnet IP"命令来远程登录；按 Enter 键后，系统提示按键盘 y 键，并按 Enter 键。

　　(2) 系统弹出登录界面，输入目标计算机的 Telnet 用户名及密码，如图 3-100 所示。

图 3-100　远程验证用户名及密码

　　(3) 接下来，就可以像操作本地计算机一样对远程主机进行各种操作了，如图 3-101 所示。其实，这也是入侵的一种。

图 3-101　远程操作主机

 课后作业

一、填空题

1. 一般使用 _____ 命令进行网络连通性测试。

2. 常见的嗅探原理有 _____、_____、_____。

3. 网络上一般使用 ___ 端口提供 FTP 访问，使用 ___ 端口进行 telnet 登录，使用 ____ 端口进行网页请求。

4 在获取了网站 IP 后，可以进行 _____、_____、_____ 等操作。

5. 扫描工具主要使用 _____ 来探测对方开放的端口。

二、选择题

1. 简单邮件传输协议 SMTP 使用的端口是 ( )。

A 21   B 22

C 25   D 80

2. 获取目标 IP 时，经常会获取到腾讯的 IP 地址，那么这些 IP 属于 ( )。

A 对方真实 IP   B 服务器 IP

C 自己的 IP   D 随机地址

3. 使用 ping 命令后，使用哪个参数可以不停地进行 ping 操作 ( )。

A -a   B -t

C -n   D -l

4. 使用 ipconfig 查询的 IP 地址是 ( )。

A 我方外网 IP   B 我方内网 IP

C 对方外网 IP   D 对方内网 IP

5. nslookup 命令可以查询到域名信息对应的 ( )。

A IP 地址   B 对方姓名

C 自己的域名   D 服务器名称

三、动手操作与扩展训练

1. 搭建 VM 测试环境或者在局域网中，使用端口扫描工具查看其他设备开放的端口，并连接，看是否可以访问。

2. 使用命令测试网络连通性、网络包的传递、查询域名 IP 地址等操作。

3. 使用超级嗅探狗或者 sniffer 来测试是否可以获取到其他人的数据等信息。

防范局域网攻击

第4章

内容导读

　　局域网是用户最常使用的网络类型，属于内部网络。一般而言，直接攻击外部网络，或者通过外部网络直接攻击内部网络的成功率较低。而从局域网内部进行网络攻击，或者外部网络通过侵入局域网内部某台计算机，完成局域网攻击的成功率较高。所以防范局域网攻击就成为重中之重。

　　本章将介绍局域网一些常见的攻击类型及防范手段，以及利用软件进行局域网管理的方法和步骤。

4.1 局域网常见攻击方式

局域网常见攻击包括上一节提到的 ARP 欺骗，另外还有广播风暴攻击、DNS 欺骗、拒绝服务攻击等。

4.1.1 ARP 欺骗攻击

嗅探使用的就是 ARP 欺骗技术。

1. 了解 ARP 原理

地址解析协议 (ARP，Address Resolution Protocol)，是根据 IP 获取 MAC 地址的一个 TCP/IP 协议。主机发送信息时将包含目标 IP 的 ARP 请求广播到网络上的所有主机，并接收返回消息，以此确定目标主机的物理地址；收到返回消息后将该 IP 和物理地址存入本机 ARP 缓存中并保留一定时间，下次请求时直接查询 ARP 缓存以节约资源。地址解析协议是建立在网络中各个主机互相信任的基础上的，网络中的主机可以自主发送 ARP 应答消息，其他主机收到应答报文时不会检测该报文的真实性就会将其记入本机 ARP 缓存中。可以使用命令 "arp – a" 查看当前计算机的 ARP 表，如图 4-1 所示。

图 4-1 查看主机 ARP 表

2. 正常 ARP 解析过程

正常的 ARP 解析过程如下：机器 A 向主机 B 发送报文前，会查询本地的 ARP 缓存表，找到 B 的 IP 对应的 MAC 地址后，就会进行数据传输。如果未找到，则 A 广播一个 ARP 请求报文，请求 IP 为 Ib 的主机 B 回答物理地址 Pb。网上所有主机包括 B 都收到 ARP 请求，但只有主机 B 会识别自己的 IP，于是向 A 主机发回一个 ARP 响应报文，其中就包含有 B 的 MAC 地址；A 接收到 B 的应答后，就会更新本地的 ARP 缓存，接着使用这个 MAC 地址向 B 发送数据。ARP 工作过程如图 4-2 所示。

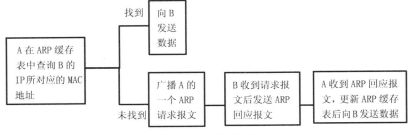

图 4-2 ARP 解析过程

3. ARP 欺骗过程

ARP 协议并不只在发送了 ARP 请求后才接收 ARP 应答。当计算机接收到 ARP 应答数据包的时候，就会对本地的 ARP 缓存进行更新，将应答中的 IP 和 MAC 地址存储在 ARP 缓存中。因此，当局域网中的某台机器 C 向 A 发送一个自己伪造的 ARP 应答，即伪造 IP 地址为 B 的 IP，而 MAC 地址是不存在的，那么当 A 接收到 C 伪造的 ARP 应答后，就会更新本地的 ARP 缓存，这样在 A 看来 B 的 IP 地址没有变，而实际上它的 MAC 地址已经不是原来那个了。这样，包括 A 在内的主机及网络设备都会认为新的 MAC 地址就是 B，在通信时，包括 A 在内的网络主机和设备就无法与 B 正常通信，这就是一个简单的 ARP 欺骗，其流程如图 4-3 所示。

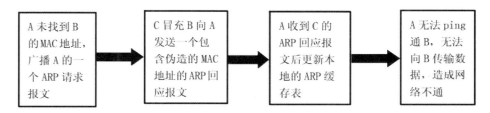

图 4-3　ARP 欺骗过程

常见的 ARP 欺骗分为两种：①对路由器 ARP 表的欺骗；②对内网 PC 的网关欺骗。第一种 ARP 欺骗的原理是截获网关数据。它通知路由器一系列错误的内网 MAC 地址，并按照一定的频率不断进行，使真实的地址信息无法通过更新保存在路由器中，结果路由器的所有数据只能发送给错误的 MAC 地址，造成正常主机无法收到信息。第二种 ARP 欺骗的原理是伪造网关。它的原理是建立假网关，让被它欺骗的主机向假网关发送数据，而不是通过正常的路由器途径上网。在主机看来，就是上不了网。

4.1.2 DHCP 欺骗攻击

DHCP 动态主机配置协议的主要作用是为局域网内部主机分配 IP、子网掩码、网关、DNS 等网络基础信息。DHCP 服务器就是开通 DHCP 功能的服务器。

DHCP 欺骗就是在局域网中伪造一台 DHCP 服务器，伪造的 DHCP 服务器配置的 IP 地址池、子网掩码、DNS 等信息与正常的 DHCP 服务器一致，但是将默认网关地址设置为黑客所在的终端地址，从而使局域网内部终端将所有发往其他网段的数据包都传输到黑客的终端，黑客获取到信息后，再将数据包转发给真正的网关，原理如图 4-4 所示。

由于计算机在获取网络信息时有着先到先得的原则，所以冒充的 DHCP 服务器与普通 DHCP 服务器享有同等优先级。

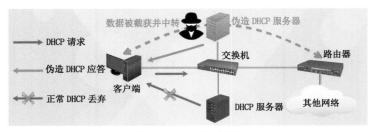

图 4-4　DHCP 欺骗示意

4.1.3 DNS 欺骗攻击

在明白了 DHCP 欺骗后，可以知道这种欺骗方式就是修改 DHCP 分配的网关地址，那么 DNS 欺骗就是修改 DNS 服务器地址，引导客户端的网页访问请求到伪造的 DNS 服务器上，从而将某些网站的 IP 解析到黑客搭建的网页服务器上，其他的仍然转发给路由器进行正常解析访问。这样的话，用户上网就只能看到攻击者的主页，而不是用户想要取得的网站的主页了，这就是 DNS 欺骗的基本原理，如图 4-5 所示。DNS 欺骗其实并不是真的"黑掉"了对方的网站，而是冒名顶替、招摇撞骗罢了。

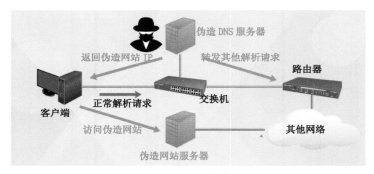

图 4-5　DNS 欺骗

在欺骗后，可以使用网站挂马、钓鱼网站等技术窃取用户的个人信息、财产等，如图 4-6 所示。用户需要从网站域名进行判断是否被骗。

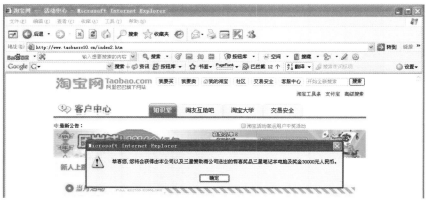

图 4-6　钓鱼网站

4.1.4 MAC 地址表溢出攻击

接下来介绍一些网络设备的攻击方式。首先介绍 MAC 地址表溢出攻击。交换机作为局域网的主要交换设备，以 MAC 地址表与端口对应关系进行转发，但是通过 MAC 地址表溢出，可以窃取终端的数据包。

1. 正常交换过程

交换机是采用数据报交换技术的分组交换设备，当 MAC 地址表中存在某个终端对应的转发项时，交换机只从连接该终端的端口输出数据，如图 4-7 所示。例如，如果交换机中存在 B 的 MAC 地址对应的转发项，那么目的 MAC 地址为 B 的数据将从 2 号端口发出，这样所有发送给 B 的数据包都将从 2 号端口发出，即使黑客的终端与 B 连接在同一交换机中，也无法截取到发送给 B 的数据包。

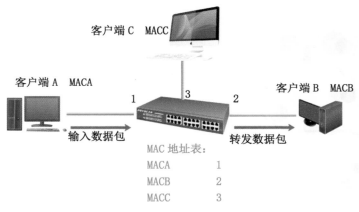

图 4-7　正常转发过程

如果 MAC 地址表中没有 B 对应的转发项时，交换机将把数据包发送给除接收该 MAC 帧的接口外的所有其他端口，这与集线器的工作过程类似，如图 4-8 所示。

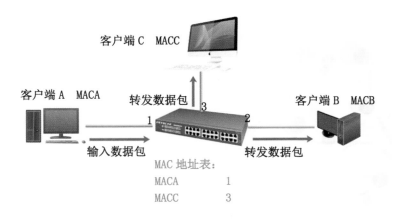

图 4-8　广播发送过程

在交换机 MAC 地址表中建立新的项需要两个基本条件：① B 向交换机发送源 MAC 地址为 MACB 的数据；②交换机的存储空间可以容纳该新的项。这两个基本条件满足后，交换机才增加一条关于 MACB 与端口对应关系的条目。

2. MAC 地址表溢出

MAC 地址表溢出攻击就是通过耗尽交换机 MAC 地址表的空间，使交换机无法在表中添加新的表项。黑客通过终端不断发送源 MAC 地址不断变化的数据包，使交换机不断增加 MAC 地址与黑客所在端口的对应项，直至耗尽 MAC 地址表储存空间。最终，交换机无法添加表项，只能一直以广播方式传递数据包，这样，传送的数据都会被黑客窃取。MAC 地址表溢出示意如图 4-9 所示。

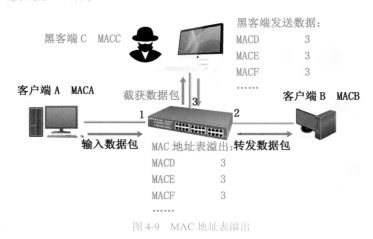

图 4-9　MAC 地址表溢出

4.1.5 生成树欺骗攻击

在大中型企业内多台交换机组成的网络环境中，通常启用基于 VLAN 的生成树协议，从逻辑上将交换机变成树形结构，并用于交换机冗余备份和防止环路产生的作用。生成树协议的计算原理如图 4-10 及图 4-11 所示。

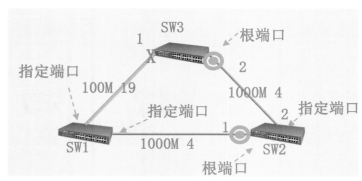

图 4-10　原始环路网络及计算生成树协议过程

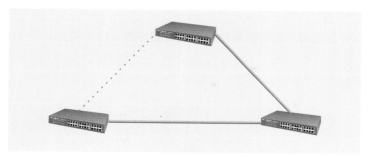

图 4-11　修剪后的网络逻辑拓扑

　　因为交换机传输过程中，数据是直接从源端口到达目的端口，只要数据包不被黑客截获，那么网络安全性就会得到保障。但是如遇到 MAC 地址表溢出攻击，就会让数据包变成广播方式传递，那么就会被黑客截获。

　　MAC 地址表溢出，一方面降低了交换机传输速率，也容易使交换机宕机。此时，生成树欺骗攻击就相对更隐蔽。其原理就是为黑客终端配备两块或多块网卡，分别连接不同的交换机，将黑客的终端模拟成交换机并配备较小的优先级，那么该终端就会变成根交换机（生成树协议的生成原理及根交换的选取原则可以参考网络设备的相关书籍），黑客所在的终端就会变成交换网络的一部分，而且会成为数据传输的中转站，那么交换机之间传输的所有数据都可以被黑客的终端截获，隐蔽性极高，如图 4-12 及图 4-13 所示。

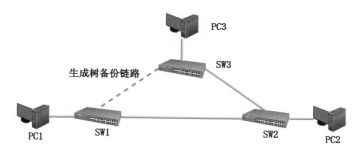

图 4-12　原始网络交换机

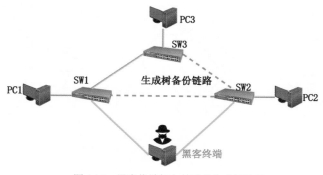

图 4-13　黑客终端加入并进行生成树欺骗

通过生成树欺骗，改变了当前网络的逻辑结构及备份链路，这样，PC1、PC3 与 PC2 的通信数据就全部被黑客的终端截获。如果黑客有多块网卡，并能连接所有的交换机，通过生成树欺骗，整个网络环境就变成了星形网络，黑客的终端就变成了核心交换机，那么黑客终端就可以截获所有局域网中的数据信息，原理如图 4-14 所示。

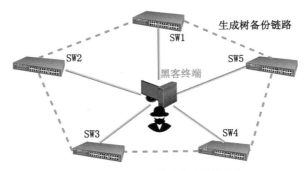

图 4-14　生成树欺骗构造星形网络

4.1.6　路由项欺骗攻击

路由器可以为数据进行寻址。当路由器收到一个目标为其他网络的数据包后，就查阅路由表，并将该数据包发送给到达目标代价最小的下一个路由设备。正常的路由器转发数据的过程如图 4-15 所示。PC1 要与 PC2 通信，需要将数据包发送给默认网关 R1，R1 查询路由表确定了路由路径，并发送给 R2，依此类推，最终到达 PC2 所在的网络 4。

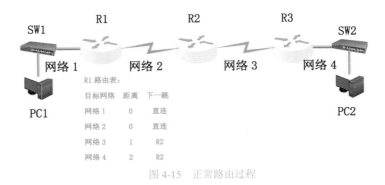

图 4-15　正常路由过程

路由项欺骗的原理就是在网络 1 或者网络 2 中加入一台黑客的终端设备，并模拟路由器向 R1 发送 224.0.0.9 的组播路由更新消息，向 R1 说，自己也是路由器，并且直接连接了网络 4。这样 R1 就会被欺骗，并且在路由表中添加一项"网络 4　距离 1　下一跳是黑客计算机的 IP"的路由项。所有发送到网络 4 的数据包都会发送给黑客所在终端。为了起到隐蔽效果，黑客可以将所有截获的数据包复制并转发给 R2，这样，网络仍然是通的，而且黑客也窃取到了网络中的数据包，如图 4-16 所示。

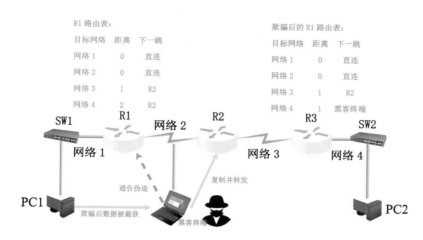

图 4-16　路由项欺骗攻击

4.1.7 拒绝服务攻击

拒绝服务攻击就是用某种方法耗尽网络设备、链路或服务器资源，使其不能正常提供服务的一种手段。

1. SYN 泛洪攻击

SYN 泛洪攻击是一种通过耗尽服务器资源，使服务器不能正常提供服务的攻击手段。例如终端访问 Web 服务器时，服务器会为每个访问建立一项连接项，使用的是 TCP 三次握手的过程。当访问结束，服务器会释放 TCP 连接以及连接项。

1) 攻击原理

服务器 TCP 会话表中的连接项是有限制的，只能建立有限的连接，所以 SYN 攻击通过快速消耗掉 Web 服务器 TCP 会话表中的连接项，使正常的 TCP 连接建立过程因为会话表中的连接项耗尽而无法正常进行的攻击行为。

2) 攻击过程

SYN 的攻击过程示意如图 4-17 所示。黑客终端通过伪造多个 IP，对 Web 服务器发起访问请求，服务器在接收到 SYN=1 的请求后，分配连接项，并发送 SYN=1、ACK=1 的响应报文。正常情况下，如果终端没有发送过 Web 请求，在接收到响应报文后，会发送一个 RST=1 的复位报文，使服务器可以释放连接项。但是因为请求是伪造的，响应报文不会被任何终端接收到，也就无法获取到终端的确认报文，该连接项即闲置下来。当这种连接项越来越多，就会耗尽 TCP 会话表中的连接项，其他正常的访问就会被丢弃，最终导致网站无法访问。

2. Smurf 攻击

1) PING 原理

PING 的工作过程如图 4-18 所示。A 为了确认与 B 的链路是否通畅会使用 PING 命令，向 B 发送一个 Internet 控制报文协议 ICMP ECHO 请求报文，报文源 IP 是 A，目标 IP 是 B。B 收到请求报文后，会返回一个 ICMP ECHO 响应报文，源 IP 是 B，目标 IP 是 A。A 收到后，表明 A 到 B 的链路是通畅的。

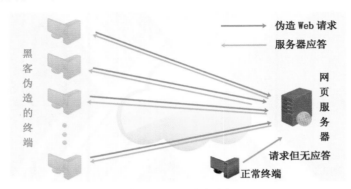

图 4-17　SYN 攻击示意

图 4-18　正常的 PING 过程

2）Smurf 攻击原理

Smurf 攻击原理如图 4-19 所示。黑客终端随机选择一个终端的 IP 作为目的 IP，并向该终端发送 ICMP ECHO 请求报文，但修改了源 IP。将正常应为黑客终端的 IP 改为需要被攻击的终端 IP。这样，当该终端接收到 ICMP ECHO 请求报文后，会将被攻击目标的 IP 作为目标 IP 发送 ICMP ECHO 相应报文。这样，就形成了一次攻击过程，这种攻击相对于被攻击者而言十分透明，而且对真实攻击者而言，整个过程又十分隐蔽，不容易查找到真实的攻击者。

图 4-19　Smurf 攻击原理

3）Smurf 攻击

通常情况下一次攻击的效果微乎其微，而真正的攻击需要耗尽攻击目标的处理能力或者网络带宽，这就需要多台设备不断地进行攻击。而 Smurf 攻击就是这么做的。该攻击需要发送一个定向广播地址，该广播地址为主机号全为 1 的 IP，意思就是该网络中的所有终端。这样攻击就不局限在一个网络中，跨路由器也可以实现，实现了相当多的主机数量，很容易完成 Smurf 攻击，如图 4-20 所示。

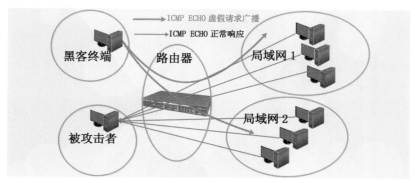

图 4-20　Smurf 攻击

3. DDoS 攻击

DDoS 攻击（分布式拒绝服务攻击）是黑客比较常使用的攻击类型，主要特点是利用肉鸡进行直接或者间接的攻击。

1) 直接攻击

黑客首先通过各种手段攻击并控制一批肉鸡，然后对肉鸡终端植入攻击程序，在进行攻击时，激活肉鸡内的攻击程序，攻击程序产生大量无用的用户数据报协议报文或者 ICMP ECHO 请求报文，并发送给攻击目标，如图 4-21 所示。由于大量 IP 分组的涌入，导致攻击目标网络发生过载或者处理器资源耗尽，导致无法与正常终端进行通信。由于该方法不是攻击目标主机的漏洞和控制目标主机，所以可以对任意主机进行攻击，并且很难由自身进行应对。

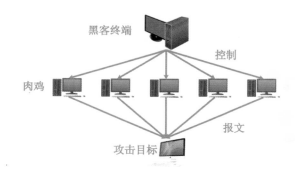

图 4-21　DDoS 直接攻击

2) 间接攻击

考虑到现在的追踪体系和隐蔽性，攻击者一般不进行直接攻击，而是通过肉鸡进行类似于 Smurf 的间接攻击。即通过发送大量的 ICMP ECHO 响应报文进行攻击，使目标发生过载及资源耗尽。也可以使用目的端口接近最大值的 UDP 报文代替 ICMP ECHO 请求报文。由于目的端没有该目的端口号对应的应用进程，会返回一个"端口不可达"的 ICMP 查错报告报文，并涌向攻击目标。间接攻击示意如图 4-22 所示。

由于肉鸡攻击程序随机产生 IP，攻击目标收到的攻击也是分散的，每一次攻击使用的 IP 集合也不相同，所以追踪起来十分困难。这也是目前大量黑客采用间接攻击的原因。

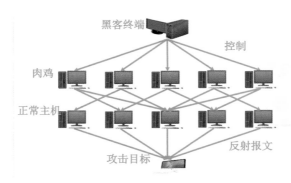

图 4-22　DDoS 间接攻击

4.1.8 广播风暴

　　准确地说，广播风暴不属于攻击类型，但是在局域网中，广播风暴也是比较常见的安全威胁。一个数据帧或包被传输到本地网段（由广播域定义）上的每个节点就是广播；由于网络拓扑的设计和连接问题，或其他原因导致广播在网段内被大量复制、传播，导致网络性能下降，甚至网络瘫痪，这就是广播风暴。广播风暴产生的原因有以下几种，需要用户在维护中认真排查。

1. 网线短路

　　当连接局域网的网线表面有磨损时，很容易导致短路，从而会引起交换机的端口阻塞。当网线发生短路时，该交换机将接收到大量的不符合分装原则的包，造成交换机处理器工作繁忙，数据包来不及转发，从而导致缓冲区溢出产生丢包现象，导致广播风暴。

2. 蠕虫病毒

　　当局域网中某台计算机感染蠕虫病毒（如 Funlove、震荡波、RPC 等）后，网卡发送包的数量快速增加，通过网络传播损耗大量的网络带宽，引起网络堵塞，导致广播风暴。

3. 网络环路

　　当网络中存在环路，就会造成每一帧都在网络中重复广播，引起广播风暴。要消除这种网络循环连接带来的网络广播风暴可以使用 STP 协议（生成树协议），但因为 STP 算法开销太大，交换机默认不启用该协议。

4. 傻瓜交换机

　　当同一傻瓜交换机上的不同端口，或傻瓜交换机之间有冗余的连接，就会导致网络拓扑环的发生，进而导致网络广播风暴，造成网络通信失败。

5. 设备损坏

　　连接计算机的网卡损坏，导致不断的发送广播包，或者因为网卡与交换机形成了回路，广播包阻塞不能及时发出，进而导致网络广播风暴。

6. 网络视频

由于部分视频网络传输设备为了便于网络视频点播，常常采用 UDP 的方式，以广播数据包的形式对外进行数据发送，如果在专用网络中也使用这种方式，很容易引发广播风暴，导致网络阻塞，因此必须通过相关设置来杜绝这类故障。

7. 恶劣环境

如不合适的温度、湿度、震动和电磁干扰等，尤其是电磁干扰比较严重的环境下，同样也有可能会使网络变得不稳定，造成数据传输错误，引发广播风暴。

4.2　使用软件进行局域网攻击

在了解了网络攻击的原理后，用户可以使用一些攻击软件在局域网中进行攻击实验，以便更深刻地理解网络攻击的过程和效果。

4.2.1 Netcut 攻击

这是一款可以切断局域网里任何一台主机使其断开网络的工具，操作简单方便，可以说是切断局域网他人网络最好的神器之一。

(1) 下载并安装软件后，双击该软件图标，打开软件，该软件会自动查找并搜寻网卡所在网段的所有计算机主机，并将主机的 IP 地址、主机名称、MAC 地址、网关 IP 显示出来，如图 4-23 所示。

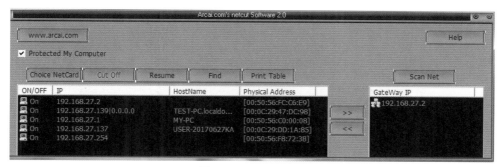

图 4-23　Netcut 主界面

(2) 如果网络变化或者没有显示某计算机，用户可以单击 Scan Net 按钮来重新扫描网络，如图 4-24 所示。

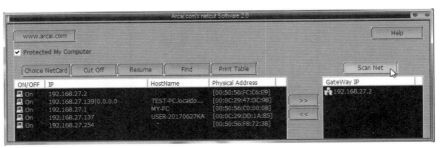

图 4-24　重新扫描网络

(3) 选择需要进行断网的机器，单击 Cut Off 按钮，如图 4-25 所示。

(4) 稍等片刻，被断网的计算机图标会变成红色，使用该主机上网进行测试，可以发现已经连不上网站了，如图 4-26 所示。

图 4-25　切断网络

图 4-26　已经不能上网了

(5) 选中已经被断网的计算机，单击 Resume 按钮，即可恢复该主机上网功能，如图 4-27 所示。

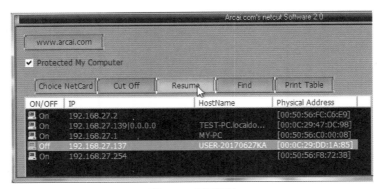

图 4-27　恢复联网

(6) 如果自动判断的网关错误，可以选择错误的网关，单击"移除"按钮，将其删除，如图 4-28 所示。

(7) 再选择正确的网关，单击"添加"按钮，如图 4-29 所示。

图 4-28 删除网关

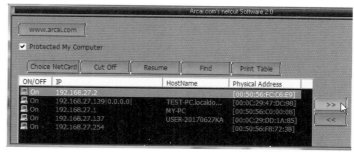

图 4-29 添加网关

(8) 如果计算机有多张网卡，可以在主机面中单击 Choice NetCard 按钮，选择要监控的网卡，单击 OK 按钮，如图 4-30 所示，即可更换网卡。用户可以参考下面的地址信息来判断网卡属于哪个网络。

(9) 在主界面中单击 Print Table 按钮，可以打印网络地址表，如图 4-31 所示。

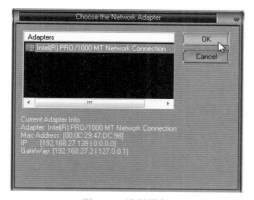

图 4-30 选择网卡

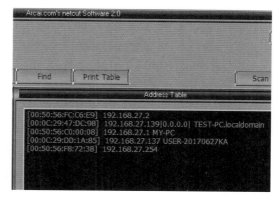

图 4-31 打印地址表

(10) 如果局域网比较大，可以通过 Find 按钮查找需要的主机信息。

4.2.2 P2POver 攻击

准确地说，该软件并不是一款攻击类软件，而是使用了 ARP 进行网络管理的软件。虽然基于 ARP 的各种应用已经被极大的限制，但作为用户，需要了解其原理以及防御方法，是完成从初级到高级的一条必经之路。

P2P 终结者是由 Net.Soft 工作室开发的一套专门用来控制企业网络 P2P 下载流量的网络管理软件，它针对 P2P 软件过多占用带宽的问题，提供了一个非常简单的解决方案。该软件基于底层协议分析处理实现，具有很好的透明性，适应绝大多数网络环境，包括代理服务器、ADSL 路由器共享上网、Lan 专线等网络接入环境。

P2P 终结者彻底解决了交换机连接网络环境问题，真正做到只需要在任意一台主机安装即可控制整个网络的 P2P 流量，对于网络中的主机来说具有很好的控制透明性，从而有效地解决了这一令许多网络管理员都极为头痛的问题，具有良好的应用价值。

P2P 终结者可以控制绝大部分流行的 P2P 软件下载，它可以轻松地、傻瓜化地管理局域网中 BT、电驴等大量占用带宽的网络应用，为家庭、企业节省宝贵的有限带宽，从而保障网页浏览、收发邮件、企业 ERP 等关键应用的正常应用。

P2P 终结者安装部署简单，在局域网内任意一台主机上安装即可管理整个网络，并支持自定义管理规则设置，可针对不同主机设置不同规则；支持自定义管理时间段设置，灵活管理工作时间、休息时间等。

1. 功能介绍

1) 带宽管理、P2P 下载管理

P2P 终结者可以为局域网内主机分别指定最大上下行带宽，可以有效杜绝因个别主机滥用下载而导致网络中所有主机都无法正常上网的情况。可以选择封锁 P2P 下载软件，并把规则指派给对应的主机，那么这些主机就无法再使用这些 P2P 软件进行下载。

2) 聊天工具管理、Web 网页管理

P2P 终结者可以根据管理需要来灵活选择需要封锁的聊天工具，软件支持对 QQ、MSN、泡泡、UC 和飞信等的管理。

P2P 终结者可以设置主机访问 WWW 网站时的规则，软件支持黑名单、白名单，也可以封锁未经允许私自开设代理的主机。

3) 自定义规则、自定义时间段

软件针对主机的管理是以规则方式配置的，可以建立、编辑多个控制规则，然后将规则指派给一个主机，也可以将同一规则指派给多个主机。

4) 日流量统计、主机扫描及备注

软件可以统计每个被控主机的日流量，并在主机列表中显示；还可以对历史日流量进行查询。

2. P2P 技术

P2P(Peer-to-Peer) 又称对等互联网络技术，是一种网络新技术，依赖网络中参与者的计算能力和带宽，而不是把依赖都聚集在较少的几台服务器上。P2P 网络通常通过 Ad Hoc 连接来连接节点，用途广泛，例如，各种档案分享软件类似 VoIP 等实时媒体业务的数据通信业务等。

3. 优缺点

P2P 终结者虽然是一款常见的局域网控制软件，但它自诞生以来，在使用过程中不知道拖累了多少局域网的网速，已经成了互联网的过街老鼠。

所以在这里，必须让大家明白这款软件的优点和缺点。

开启了 ARP 防火墙的主机，P2P 终结者就无法再进行控制，相反只会增加整个局域网的负荷。所以，想通过 P2P 终结者控制对方主机的网速基本上是不可能的。

软件通过截获路由器数据包，修改 IP 以及 MAC 缓存，达到控制网速的目的，即 P2P 终结者就是通过不停地"攻击"路由器，从而可以控制网速，也正是因为 P2P 终结者的这种攻击，导致整个网络的负荷严重增加。

经过 ping 命令测试发现，开启了 P2P 终结者的局域网有明显的"掉链"现象。P2P 终结者已经严重地影响了整个局域网的网速，所以在不使用的情况下，一定要退出该程序。

下面介绍 P2P 终结者安装设置方法。

(1) 下载完毕后，双击并启动软件，弹出"系统设置"对话框，在"网络设置"选项卡中，单击"智能检测网络环境"按钮，自动选择网络环境。如果检测错误，用户也可以单击下拉箭头，选择正确的网络环境，如图 4-32 所示。

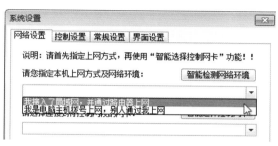

图 4-32　选择网络模式

(2) 选择待检测的网卡，和网络环境一样，单击"智能选择控制网卡"按钮，如图 4-33 所示。随后，软件会将网卡信息列在下方。

(3) 切换到"控制设置"选项卡，选中"增强模式"单选按钮，勾选"启动反 ARP 防火墙追踪功能""通过检测 ARP 请求发现新主机"复选框，如图 4-34 所示。

图 4-33　选择网卡

图 4-34　选择控制设置

(4) 完成配置后，单击"确定"按钮进入主界面，软件会自动扫描该网段，并将扫描到的网络设备显示在主界面中。如果需要重新扫描网络，则在菜单栏中单击"扫描网络"按钮，如图 4-35 所示。

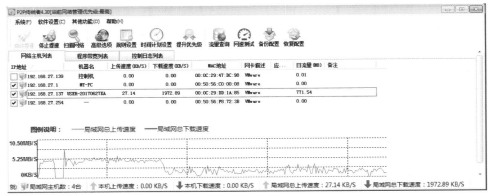

图 4-35　软件主界面

(5) 选中除控制机外所有主机 IP 地址前的复选框，在工具栏中单击"启动提速"按钮，如图 4-36 所示。在启动控制前，可以看到所有流量信息都为 0，只有启动控制后才能进行网络的监测。只要不指定规则，那么启动控制仅仅是监控局域网的情况，还是十分安全的。

图 4-36　启动控制

(6) 此时，如果局域网内有下载、看视频的情况，则可以查看到网速信息的变化，包括局域网总网速、进行下载的主机网速等，如图 4-37 所示。

图 4-37　查看网速

(7) 当然，没有规则是不能控制该主机的网速的，因为软件不知道按照什么标准去限制。首先需要设置的是时间计划，因为需要按照时间标准进行规则的使用。在主界面中，单击"时间计划设置"按钮，弹出"时间计划设置"对话框，如图4-38所示。

图 4-38　启动时间计划设置

(8) 软件已经定义了很多时间计划，这里单击"新建"按钮，创意一个新的时间计划，如图4-39所示。

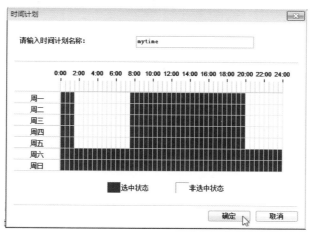

图 4-39　新建时间计划

(9) 输入计划名称，使用鼠标拖曳的方法选择时间，完成后，单击"确定"按钮，如图 4-40 所示。

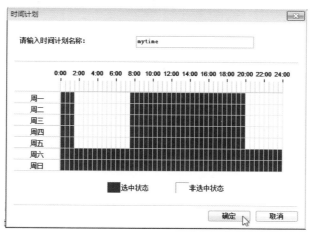

图 4-40　设置时间段

(10) 返回到主界面中，再单击工具栏中的"规则设置"按钮进行限制规则设置，如图4-41所示。

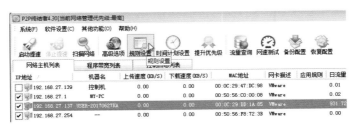

图 4-41　启动规则设置

(11) 软件同样给出了已经创建的规则，这里单击"新建"按钮，创建一个新的规则，如图 4-42 所示。

图 4-42　新建控制规则

(12) 为规则起个名字，单击下拉按钮，选择刚才创建的时间计划，如图 4-43 所示。完成后，单击"下一步"按钮。

图 4-43　选择时间计划

(13) 根据局域网和外网带宽的不同，设置上行和下行的最大带宽，完成后，单击"下一步"按钮，如图 4-44 所示。

(14) 在"P2P 下载限制"对话框中，选择希望限制的 P2P 下载，完成后，单击"下一步"按钮，如图 4-45 所示。

图 4-44　设置带宽

图 4-45　选择限制 P2P 下载

(15) 选择需要限制的即时通信软件，单击"下一步"按钮，如图 4-46 所示。

(16) 在"普通下载限制"对话框中，可以禁用某些特定文件的下载，设置完扩展名，单击"下一步"按钮，如图 4-47 所示。

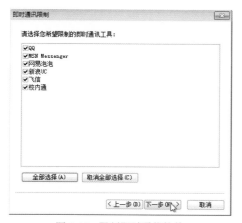

图 4-46　限制即时通信软件

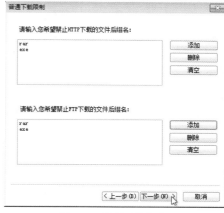

图 4-47　限制下载类型

(17) 在"WWW 访问限制"对话框中，选中"使用规则限制 WWW 访问"单选按钮，勾选"启用黑白名单方式访问 WWW"复选框，并单击"编辑"按钮，如图 4-48 所示。

图 4-48　限制 WWW 访问

(18) 按照给出的文件格式，在末尾添加不允许访问的网页，如图 4-49 所示。完成后保存即可。

(19) 单击"下一步"按钮，进入"ACL 规则设置"界面，前面已经进行了详细设置，够用了，所以这里一般不需要进行设置，用户单击"完成"按钮，完成规则设置，如图 4-50 所示。

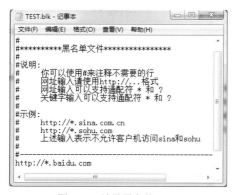

图 4-49　编辑黑名单

图 4-50　完成规则设置

(20) 返回到主界面中，在需要应用规则的主机条目上右击，在弹出的快捷菜单中选择"为选中主机指定规则"选项，如图 4-51 所示。

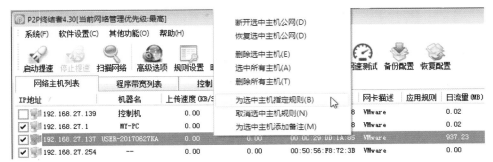

图 4-51　指定规则

(21) 在弹出的"控制规则指派"对话框中单击下拉按钮，选择刚才制订的规则，完成后，单击"确定"按钮，如图 4-52 所示。

图 4-52　选择规则

(22) 选中该主机，单击菜单栏中的"软件设置"按钮，选择"启动控制"，即可启动控制，如图 4-53 所示。

图 4-53　启动控制

(23) 单击工具栏中的"备份配置"按钮，选择保存位置，即可保存当前所有配置，以防止出错而需要重新进行配置的情况，如图 4-54 及图 4-55 所示。当需要进行恢复时，只要在主界面中单击工具栏中的"恢复配置"按钮，并找到备份文件即可。

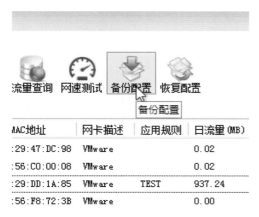

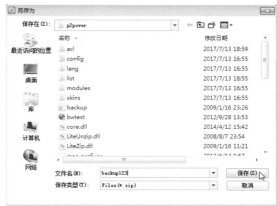

图 4-54 启动配置　　　　　　　　　　图 4-55 选择保存位置

(24) 接下来就要进行测试了。当对应的主机启动下载后，可以看到最大下载速度和限制的带宽速度一样，如图 4-56 所示。

图 4-56 下载限速

(25) 而在使用 QQ 时，会提示登录超时，无法进行登录，如图 4-57 所示。

图 4-57 即时通信软件无法登录

(26) 另外可以看到，能登录其他网站，但是始终登录不了限制的百度网站，如图 4-58 所示。

图 4-58　无法登录限制网站

 ## 4.3　防御局域网攻击

防御局域网攻击可以使用的方法有很多，在了解了攻击原理后，可以根据攻击的特点进行有效的防御。

(1)ARP 欺骗防御。由于普通终端的功能较单一和有局限性，所以可以通过交换机提供鉴别 ARP 请求和响应报文中 IP 和 MAC 绑定项真伪辨别功能，以太网交换机只转发正确的绑定项进行的 ARP 请求和响应报文。

(2)DHCP 及 DNS 欺骗攻击防御。此攻击防御关键是不允许伪造服务器接入网络，如以太网交换机端口只允许接收经过验证的 DHCP 和 DNS 服务器的信息。

(3)MAC 地址表溢出攻击防御。针对此攻击防御，一是需要有防止黑客终端接入交换机的措施；二是交换机需要有防御 MAC 表溢出攻击的机制；三是数据加密，这样即使嗅探到，也无法破坏信息的保密性。

(4) 生成树欺骗攻击防御。防御规则：不允许危险设备参与生成树建立过程，只在用于实现两个认证交换机之间互连的端口启动生成树协议。

(5) 路由项欺骗攻击防御。启动路由器安全功能，对路由消息完整性进行检测，确定信息是由认证的相邻路由器发出，且没有经过更改，才处理该消息，并更新路由。

(6) 拒绝服务攻击防御。SYN 泛洪攻击的防御需要网络具有阻止伪造源 IP 和 IP 分组继续传输的功能，如果会话表只对处于完成状态的 TCP 连接分配连接项，那么 SYN 无法耗尽会话表中的连接项。Smurf 攻击防御也需要网络具有防止伪造 IP 传输的功能。路由器要有阻止以直接广播地址为目的 IP 的 IP 分组继续转发，为了更加安全，也可以在终端或者服务器上拒绝相应 ICMP ECHO 请求报文。DDOS 攻击防御，要使网络终端具备防御病毒和黑客攻击的能力，拒绝相应 ICMP ECHO 请求报文或差错报告报文。

另外，用户也可以使用专业的综合型防火墙软件，或者针对某些特殊攻击使用的防火墙软件进行防御。

4.3.1 ARP 防火墙

使用 ARP 防火墙即可防御 ARP 欺骗带来的各种网络影响。

要保障主机与网关之间数据通信的安全，必须要保证两点：

(1) 主机获取的网关 MAC 是正确的；

(2) 网关获取的主机 MAC 是正确的。

ARP 防火墙完全可以满足上述两点要求。首先，ARP 防火墙在操作系统内核层拦截虚假的 ARP 数据包，保证本主机获取的网关 MAC 是正确的，不受虚假 ARP 数据包影响。同时，ARP 防火墙的主动防御功能可向网关通告本主机的正确 MAC，保证网关获取到的本主机 MAC 是正确的。

ARP 软件安装使用方法如下。

(1) 下载并安装防火墙，完成后会自动启动运行，如图 4-59 所示。

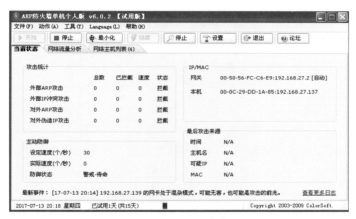

图 4-59　ARP 防火墙

(2) 启动 P2Pover 软件，并开启控制，此时 ARP 软件发现外来 ARP 攻击，并显示攻击来源的主机信息，防御状态变成启动防御，如图 4-60 所示。

图 4-60　发现 ARP 攻击

（3）此时，ARP 软件已经防御了 ARP 欺骗的攻击，计算机仍可以上网。而且 P2Pover 已经不能显示该计算机的任何信息了，包括实时网速等。而且软件会提示，可能在使用 P2P 终结者，如图 4-61 所示。

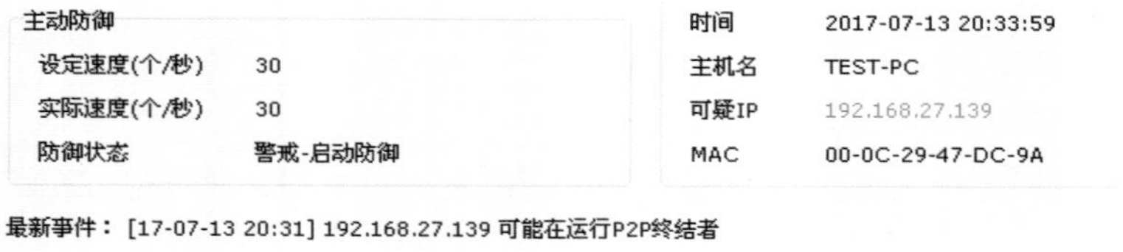

主动防御		时间	2017-07-13 20:33:59
设定速度（个/秒）	30	主机名	TEST-PC
实际速度（个/秒）	30	可疑IP	192.168.27.139
防御状态	警戒-启动防御	MAC	00-0C-29-47-DC-9A

最新事件：[17-07-13 20:31] 192.168.27.139 可能在运行P2P终结者

图 4-61　提示有用户使用 P2P 终结者

4.3.2 冰盾防火墙

冰盾防火墙是全球第一款具备 IDS 入侵检测功能的专业级抗 DDoS 攻击防火墙，来自美国硅谷，由华人留学生 Mr.Bingle Wang 和 Mr.Buick Zhang 设计开发，采用国际领先的鉴别技术智能识别各种 DDoS 攻击和黑客入侵行为。该防火墙采用微内核技术实现，工作在系统的最底层，充分发挥 CPU 的效能，仅耗费少许内存即可获得惊人的处理效能。经高强度攻防试验测试表明：在抗 DDoS 攻击方面，工作于 100M 网卡的冰盾约可抵御每秒 25 万个 SYN 包攻击，工作于 1000M 网卡的冰盾约可抵御 160 万个 SYN 攻击包；在防黑客入侵方面，冰盾可智能识别 Port 扫描、Unicode 恶意编码、SQL 注入攻击、Trojan 木马上传、Exploit 漏洞利用等 2000 多种黑客入侵行为并自动阻止。冰盾防火墙的主要防护功能如下。

（1）阻止 DOS 攻击：TearDrop、Land、Jolt、IGMP Nuker、Boink、Smurf、Bonk、BigPing、OOB 等数百种。

（2）抵御 DDoS 攻击。SYN/ACK Flood、UDP Flood、ICMP Flood、TCP Flood 等所有流行的 DDoS 攻击。

（3）拒绝 TCP 全连接攻击。自动阻断某一 IP 对服务器特定端口的大量 TCP 全连接资源耗尽攻击。

（4）防止脚本攻击。专业防范 ASP、PHP、PERL、JSP 等脚本程序的洪水式 Flood 调用导致数据库和 WEB 崩溃的拒绝服务攻击。

（5）对付 DDoS 工具。XDOS、HGOD、SYNKILLER、CC、GZDOS、PKDOS、JDOS、KKDOS、SUPERDDOS、FATBOY、SYNKFW 等数十种。

（6）超强 Web 过滤。过滤 URL 关键字、Unicode 恶意编码、脚本木马、防止木马上传等。

（7）侦测黑客入侵。智能检测 Port 扫描、SQL 注入、密码猜测、Exploit 利用等 2 000 多种黑客入侵行为并阻断。

冰盾防火墙使用方法如下。

（1）安装并启动冰盾防火墙，打开软件主界面，如图 4-62 所示。此时防火墙已经自动启动，并进行了 DDoS 防御。可以设置左侧的参数来进行高级防御。

（2）在主界面中，单击"防 ARP 欺骗"按钮，可以启动防欺骗设置，勾选所有 IP 与 MAC，单击"绑定"按钮，即可防御 ARP 欺骗，如图 4-63 所示。

图 4-62 启动防火墙   图 4-63 绑定 MAC 地址

4.3.3 防范广播风暴

防范广播风暴对于局域网更加重要。

1. 网线短路

使用 MRGT 等流量查看软件可以查看出现短路的端口，如果交换机是可网管的，也可以通过逐个封闭端口来查找，进而找到有问题的网线。找到短路的网线后，更换一根网线。

2. 蠕虫病毒

为每台计算机安装杀毒软件，并配置补丁服务器 (WSUS) 来保证局域网内所有的计算机都能及时打上最新的补丁。

3. 网络环路

在接入层启用生成树协议，或者在诊断故障时打开生成树协议，以便协助确定故障点。在广播风暴发生时，应首先了解发生故障前网络的改动，建立完善的网络文档资料，包括网络拓扑图、IP 和 MAC 对应表等，可以通过局域网工具软件扫描获取这些信息。

4. 傻瓜交换机

用于级联交换机的跳线应当作一些特殊标记，最好选择使用不同颜色的跳线，与其他普通跳线相区别。

5. 设备损坏

如果出现设备损坏可将其他正常的计算机接到有问题的端口上，如果故障解决，则是原先计算机的网卡损坏或网络故障所致，更换新网卡并检测线路及网络配置即可解决。如果故障依旧，则说明原先计算机的网卡未损坏，可能是交换机的该端口已损坏，检查该端口的指示灯，如确认是该端口损坏，应及时将交换机送修或者将计算机连接到其他端口。注意，不要擅自修理交换机，否则损坏交换机得不偿失。

6. 网络视频

将视频网络传输设备所连接的交换机端口进行设置，对设备本身的网络传输模式以及传送协议类型进行更改，消除网络广播风暴。

7. 恶劣环境

设备要严格执行接地要求，特别是涉及远程线路的网络转接设备，否则达不到规定的连接速度，导致在联网过程中产生莫名其妙的故障；另外在建网之初必须考虑尽量避免计算机或者网络介质直接暴露在强磁场中，如电磁炉、高压电缆、电源插头处等；定期对计算机进行清洁工作。

4.3.4 安装综合型防火墙

安装综合型防火墙除了可以防御 DNS 攻击外，前面所讲的所有问题都可以进行化解。

瑞星防火墙，利用网址识别和网页行为分析的手段有效拦截恶意钓鱼网站，保护用户个人隐私信息、网上银行账号密码和网络支付账号密码的安全。针对互联网上大量出现的恶意病毒、挂马网站和钓鱼网站等，瑞星"智能云安全"系统可自动收集、分析、处理，完美阻截木马攻击、黑客入侵及网络诈骗，为用户上网提供智能化的整体上网安全解决方案。最新版的端量可以提供以下功能。

(1) 全面支持主流操作系统。完美支持 64 位操作系统，全面兼容 Windows 10，产品性能和兼容性再次提升。

(2) 超强智能反钓鱼。智能反钓鱼引擎升级，恶意网址库大规模升级，全面提升了对钓鱼网站的拦截能力。

(3) 智能广告拦截。实时屏蔽视频、网页和软件广告，支持所有浏览器。

(4) 减少骚扰，还计算机一个绿色环境。

(5) 实用网络工具箱。流量统计、ADSL 优化、IP 自动切换、家长控制、网速保护、共享管理、防蹭网等。

瑞星防火墙的使用方法如下。

(1) 安装并启动瑞星防火墙，可以在其主界面中看到 IP 与 DNS，如图 4-64 所示。

图 4-64　启动防火墙

(2) 在主界面中单击"立即修复"按钮，在弹出的"安全检查—修复"对话框中，单击"立即修复"按钮，如图 4-65 所示。

图 4-65 进行安全修复

(3) 此时，若计算机仍无法上网，则说明网络仍处于 ARP 欺骗中。单击"网络安全"按钮，再单击"ARP 欺骗防御"后的"已关闭"按钮，如图 4-66 所示，启动 ARP 防御后，就可以正常上网了。

(4) 单击"防火墙规则"按钮，可以进行更详细的设置，如图 4-67 所示。

图 4-66 启动 ARP 防御

图 4-67 进行高级设置

(5) 单击"小工具"按钮，可以根据自己的需要下载小工具，如图 4-68 所示。也可以启用家长控制，如图 4-69 所示。

图 4-68 下载小工具

图 4-69 启动家长控制

课后作业

一、填空题

1. 局域网常见的攻击方式有 ＿＿＿＿、＿＿＿＿、＿＿＿＿、＿＿＿＿、＿＿＿＿、＿＿＿＿、＿＿＿＿、＿＿＿＿ 等。

2. 拒绝服务攻击包括 ＿＿＿＿、＿＿＿＿、＿＿＿＿。

3. 造成广播风暴的主要原因有 ＿＿＿＿、＿＿＿＿、＿＿＿＿、＿＿＿＿、＿＿＿＿、＿＿＿＿。

4. 防御网络攻击，最实用的方法就是 ＿＿＿＿＿＿＿＿。

5. DDoS 攻击分为 ＿＿＿＿＿＿ 和 ＿＿＿＿＿＿ 两种。

二、选择题

1. 在完成了网络欺骗后，可以使用以下哪种技术窃取个人信息 (　　)。

A 网站挂马　　　　　　　　　B 网站钓鱼

C 上传广告　　　　　　　　　D 网关欺骗

2. 集线器的通信方式是 (　　)。

A 广播　　　　　　　　　　　B 单播

C 组播　　　　　　　　　　　D 任意播

3. 路由器选择路径采用的方案是 (　　)。

A 随机　　　　　　　　　　　B 配置信息

C 路径代价　　　　　　　　　D 路由器少的路

4. 大部分 DDoS 攻击都是间接的，因为考虑到 (　　)。

A 无法直接攻击　　　　　　　B 追踪体系

C 安全性　　　　　　　　　　D 隐蔽性

5. 网络发生环路后，最直接的后果就是 (　　)。

A 服务器瘫痪　　　　　　　　B 产生广播风暴

C 产生短路　　　　　　　　　D 计算机死机

三、动手操作与扩展训练

1. 使用 ARP 攻击软件试着使一台虚拟机无法连接到互联网。然后测试安装了 ARP 防火墙的情况下，结果又是如何。

2. 试着通过 ARP 攻击软件测试虚拟机在没安装防火墙的情况下，ARP 攻击可以做哪些事情，想一下原理。

3. 阅读相关的安全书籍，了解更多的网络攻击方式和手段以及防范措施。

病毒与木马入侵

第**5**章

内容导读

病毒入侵后,通过留下后门或控制程序,将入侵终端作为肉鸡使用。下面介绍病毒、木马的基本知识以及制作和防御方法。

🔒 5.1 病毒简介

计算机病毒 (Computer Virus) 在《中华人民共和国计算机信息系统安全保护条例》中被明确定义，指"编制者在计算机程序中插入的破坏计算机功能或者数据，影响计算机使用并且能够自我复制的一组计算机指令或者程序代码"。

计算机病毒与医学上的"病毒"不同，计算机病毒不是天然存在的，是人利用计算机软件和硬件所固有的脆弱性编制的一组指令集或程序代码。它能潜伏在计算机的存储介质(或程序)里，条件满足时即被激活，通过修改其他程序的方法将自己的精确副本或者可能演化的形式放入其他程序中，从而感染其他程序，对计算机资源进行破坏，对其他用户的危害性很大。

以往的病毒只针对计算机本身进行破坏，如熊猫烧香病毒，如图 5-1 所示。而现在，受利益的驱使，病毒已经成为不法分子牟取利益的手段了。

图 5-1 熊猫烧香病毒

5.1.1 勒索病毒

2017 年，让全球用户认识了勒索病毒 WannaCry(又叫 Wanna Decryptor)，一种"蠕虫式"的勒索病毒软件，由不法分子利用 NSA(National Security Agency，美国国家安全局) 泄露的危险漏洞"EternalBlue"(永恒之蓝) 进行传播。勒索病毒肆虐，俨然是一场全球性互联网灾难，给广大计算机用户造成了巨大损失，如图 5-2 所示。统计数据显示，100 多个国家和地区超过 10 万台计算机遭到勒索病毒攻击、感染。勒索病毒是自灰鸽子和熊猫烧香病毒以来影响力最大的病毒之一，影响到金融、能源、医疗等众多行业，造成严重的危机管理问题。中国部分 Windows 操作系统用户遭受感染，校园网用户首当其冲，受害严重，大量实验室数据和毕业设计被锁定加密；部分大型企业的应用系统和数据库文件被加密后，无法正常工作，影响巨大。

图 5-2　勒索病毒

　　虽然在该病毒出现后，很快便有了解决办法，但是在利益的驱使下，很快又出现勒索病毒变种以及防杀等功能，而且不仅在计算机终端，在手机、网络终端、智能设备等平台，也开始出现。中了勒索病毒后自己破解基本上是不可能，大部分人最后只能支付赎金来解锁自己的文件，或者放弃自己的所有文件。

　　所以在杀毒软件和病毒库仍然处于被动防御的阶段，用户只能尽量提高计算机安全等级，养成安全使用习惯，降低被病毒入侵的可能性。

5.1.2 病毒的特征

　　从勒索病毒的特性中，可以观察到病毒的一些基本特征。

1．繁殖性

　　计算机病毒可以像生物病毒一样进行繁殖，当正常程序运行时，它也进行自身复制，是否具有繁殖、感染的特征是判断某段程序为计算机病毒的首要条件。

2．破坏性

　　计算机中毒后，可能会导致正常的程序无法运行，文件被删除或受到不同程度的损坏，引导扇区及 BIOS、硬件环境等被破坏。图 5-3 所示为勒索病毒入侵计算机后加密文件示意。

名称 ▲	大小	类型	修改日期
1.jpg!-$$$--Access by p...	26 KB	BRABUS_63 文件	2016-7-23 8:47
10.jpg!-$$$--Access by ...	26 KB	BRABUS_63 文件	2016-7-23 8:47
11.jpg!-$$$--Access by ...	26 KB	BRABUS_63 文件	2016-7-23 8:47
12.jpg!-$$$--Access by ...	26 KB	BRABUS_63 文件	2016-7-23 8:47
2.jpg!-$$$--Access by p...	26 KB	BRABUS_63 文件	2016-7-23 8:47
3.jpg!-$$$--Access by p...	26 KB	BRABUS_63 文件	2016-7-23 8:47
4.jpg!-$$$--Access by p...	26 KB	BRABUS_63 文件	2016-7-23 8:47
5.jpg!-$$$--Access by p...	26 KB	BRABUS_63 文件	2016-7-23 8:47
6.jpg!-$$$--Access by p...	26 KB	BRABUS_63 文件	2016-7-23 8:47
7.jpg!-$$$--Access by p...	26 KB	BRABUS_63 文件	2016-7-23 8:47
8.jpg!-$$$--Access by p...	26 KB	BRABUS_63 文件	2016-7-23 8:47
9.jpg!-$$$--Access by p...	26 KB	BRABUS_63 文件	2016-7-23 8:47

图 5-3　勒索病毒加密文件

3. 传染性

计算机病毒传染性是指计算机病毒通过修改其他程序将自身的复制品或变体传染到其他无毒的对象上，这些对象可以是一个程序，也可以是系统中的某一个组件。

4. 潜伏性

计算机病毒潜伏性是指其可以依附于其他媒体生存的能力，侵入后的病毒潜伏到条件成熟才发作，从而达到其目的。

5. 隐蔽性

计算机病毒具有很强的隐蔽性，通过病毒软件只能检查出来一部分。隐蔽性计算机病毒时隐时现、变化无常，处理起来非常困难。

6. 可触发性

编制计算机病毒的人一般都为病毒程序设定了一些触发条件，例如，系统时钟的某个时间或日期、系统运行了某些程序等。一旦条件满足，计算机病毒就会"发作"，使系统遭到破坏。

7. 新特性

(1) 免杀是使之躲过杀毒软件查杀的一种技术。病毒作者可以通过对病毒进行再次保护，如使用汇编加花指令，如图 5-4 所示，或者给文档加壳就可以轻易地使其躲过杀毒软件的病毒特征码库而免于被杀毒软件查杀。

(2) 自我更新性是近年来病毒的又一新特征。病毒可以借助网络进行变种更新，得到最新的免杀版本的病毒并继续在用户感染的计算机上运行。比如熊猫烧香病毒的作者就创建了"病毒升级服务器"，最多可以一天对病毒升级 8 次，比有些杀毒软件病毒库的更新速度还快，所以就导致杀毒软件无法识别病毒。

(3) 很多病毒还具有了对抗它的"天敌"——杀毒软件和防火墙反病毒软件的全新特征，只要病毒运行后，就会自动破坏中毒计算机上安装的杀毒软件和防火墙，如图 5-5 所示，导致一些杀毒软件作废。

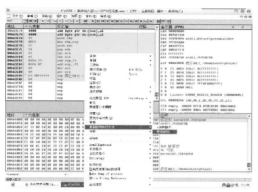

图 5-4　汇编加花指令

图 5-5　杀毒软件无法启动

5.1.3 病毒的传播方式

病毒根据其应用范围及特点，有如下传播途径。

(1) 存储介质，包括硬盘、U 盘等。在这些存储设备中，移动 U 盘作为使用最广泛的移动设备，也属于病毒传播的重灾区。

(2) 网络。随着 Internet 技术的迅猛发展，Internet 在给人们的工作和生活带来极大方便的同时，也成为病毒滋生与传播的温床。当人们在 Internet 上下载或浏览各种资料时，病毒可能也就随着这些资料侵入用户的计算机系统，如图 5-6 所示。

(3) 电子邮件。当电子邮件成为人们日常生活和工作的重要工具后，电子邮件无疑是病毒传播的最佳方式，近几年出现的危害性比较大的病毒几乎全是通过电子邮件方式传播的，如图 5-7 所示。

图 5-6　杀毒软件报毒

图 5-7　电子邮件病毒

5.1.4 中毒后的计算机现象

计算机中毒后，总会产生一些异常现象，用户可以根据异常现象判断计算机是否中毒。

1. 计算机不能正常启动

通电后计算机根本不能启动，或者可以启动，但所需要的时间相比原来的启动时间变长了。有时会突然出现黑屏现象，在开机启动项中发现很多来历不明的程序，如图 5-8 所示。

图 5-8　查看计算机启动项

2. 运行速度降低

发现在运行某个程序时，读取数据的时间比原来长，存文件和读文件的时间都增加了，那就可能是由于感染病毒造成的。

3. 内存磁盘异常

由于病毒程序进驻内存，而且又能繁殖，因此使内存空间变小甚至变为"0"，用户什么信息也写不进去。

磁盘标号被自动改写、出现图标异常，如图 5-9 所示；出现固定的坏扇区，文件无故变大，失踪或乱码，可执行文件 (exe) 无法运行等。

图 5-9　磁盘图标异常

4. 文件内容和长度有所改变

一个文件存入磁盘后，它的长度和内容一般都不会改变，但是由于病毒的干扰，文件长度就可能改变，文件内容也可能出现乱码，如图 5-10 所示。有时文件内容无法显示或显示后又消失了。

图 5-10　文件内容变成乱码

5. 经常出现"死机"现象

正常的操作是不会造成计算机死机现象的，即使是初学者，命令输入不对也不会死机。如果计算机经常死机，那可能是由于系统被病毒感染了。

6. 外部设备工作异常

因为外部设备受系统的控制，如果计算机中有病毒，外部设备在工作时可能会出现一些异常情况：屏幕上出现不应有的特殊字符或图像，字符无规则变化或脱落、静止、滚动、雪花、跳动、小球亮点、莫名其妙的信息提示等；发出尖叫、蜂鸣音或非正常声音等；打印异常、打印速度明显降低、不能打印、不能打印汉字与图形等或打印时出现乱码。

 ## 5.2　制作简单病毒

病毒的制作需要一定的编程功底，需要明白计算机的相关语言以及杀毒软件的运作方式等。当然，用户也可以使用编写好的代码，并与系统命令相配合，快速地创建一些无害的病毒程序。

5.2.1　制作恶作剧病毒

恶作剧病毒并不具备破坏能力，但其制作原理满足病毒的一些基本特征，主要用来给读者练手，以便更深入地了解病毒。

(1) 在系统桌面上右击，选择"新建"下拉列表中的"文本文档"选项，如图 5-11 所示，命名为"test"，双击打开记事本。

(2) 将准备好的病毒代码粘贴到记事本中，如图 5-12 所示。

图 5-11　新建文本文档　　　　　　　图 5-12　复制修改代码

(3) 用户可以适当修改程序中的一些文本内容，完成后，单击"文件"菜单选项，在打开的菜单中选择"保存"选项，如图 5-13 所示。

(4) 关闭记事本文件，返回到桌面上，双击"计算机"图标，启动资源管理器，单击"组织"菜单选项，选择菜单中的"文件夹和搜索选项"选项，如图 5-14 所示。

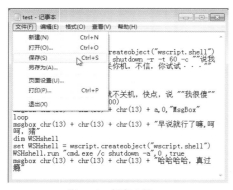

图 5-13　保存文档　　　　　　　　　图 5-14　进入文件夹设置

(5) 弹出"文件夹选项"对话框，切换到"查看"选项卡，如图 5-15 所示。

(6) 取消勾选"隐藏已知文件类型的扩展名"复选框，如图 5-16 所示。

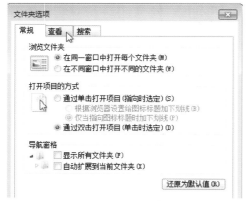
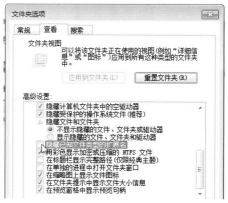

图 5-15　"文件夹选项"对话框　　　　图 5-16　显示扩展名

(7) 单击"确定"按钮返回桌面，可以看到新建的文本文档已经显示了扩展名。将文件重命名为"test.vbs"，如图 5-17 所示。

(8) 按 Enter 键后，弹出"重命名"对话框，单击"是"按钮，确认修改，如图 5-18 所示。

图 5-17　修改文件名

图 5-18　确认修改

(9) 双击该文件即可启动程序，会提示"1 分钟关机"，用户需要在文本框中输入设置的内容才能解除定时关机，如图 5-19 所示。

(10) 按要求输入后，单击"确定"按钮，即可解除关机重启，桌面右下角提示计划任务已关闭，如图 5-20 所示。

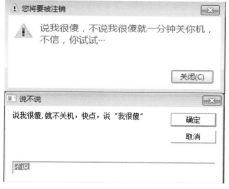

图 5-19　测试程序

图 5-20　计划任务取消

5.2.2 隐藏病毒

当然，没有人很傻地直接双击这个不认识的程序来运行，那么就需要将该病毒进行隐藏，通过其他方法诱使用户打开。

(1) 在病毒文件图标上右击，在弹出的快捷菜单中选择"创建快捷方式"选项，如图 5-21 所示。

图 5-21　创建快捷方式

(2) 在创建的快捷方式上右击，在弹出的快捷菜单中选择"属性"选项，如图 5-22 所示。

(3) 在"属性"对话框中单击"更改图标"按钮，如图 5-23 所示。

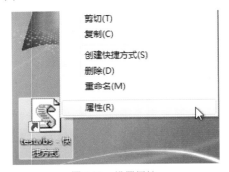
图 5-22 设置属性

图 5-23 更改图标

(4) 在"更改图标"对话框中单击"浏览"按钮，如图 5-24 所示。

(5) 找到需要的图标，这里以 QQ 为例，选择该图标，单击"打开"按钮，如图 5-25 所示。

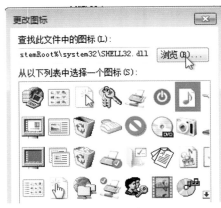
图 5-24 浏览图标

图 5-25 选择图标

(6) 单击"确定"按钮直到返回桌面，可以看到快捷方式图标已经更改。将快捷方式的名称更改为"QQ"，如图 5-26 所示。

(7) 在"test.vbs"图标上右击，在弹出快捷菜单中选择"属性"选项，弹出"属性"对话框，勾选"隐藏"复选框，单击"确定"按钮，如图 5-27 所示。

图 5-26 修改快捷方式文件名

图 5-27 隐藏病毒

这时，桌面上就只剩下伪造的 QQ 图标，而用户双击该图标时，实际上是运行了病毒程序，而病毒已经被隐藏。如果用户需要显示隐藏文件，可以在"文件夹选项"对话框中，选中"显示隐藏的文件、文件夹和驱动器"单选按钮，然后单击"确定"按钮返回即可，如图 5-28 所示。

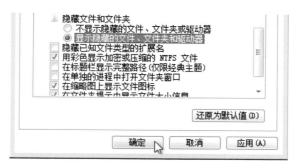

图 5-28　显示隐藏文件

5.2.3 病毒编译

VBS 文件受到很多条件的制约，而且图标更换起来很麻烦，就需要对其进行编译，变成 Windows 可以直接执行的程序。这里使用的工具是 vbstoexePortable 软件。

该软件的主要功能有：可以创建 32 位及 64 位的可执行程序，修改软件版本信息、公司、描述，添加图标文件，合并编译，还可以通过编译器修改 VBS 程序内容、加密等。

(1) 启动软件，单击"VBS 文件"文本框右侧的"浏览"按钮，如图 5-29 所示。

(2) 找到 VBS 文件，单击"打开"按钮，如图 5-30 所示。

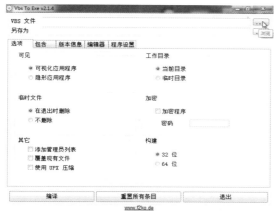

图 5-29　浏览 VBS 文件

图 5-30　打开 VBS 文件

(3) 在主界面中，选中"隐形应用程序"单选按钮，这样就不会弹出命令提示符了。切换到"版本信息"选项卡，如图 5-31 所示。

(4) 在版本信息界面中，勾选"包含版本信息"复选框，输入软件的相关信息，单击"图标文件"文本框右侧的"浏览"按钮，如图 5-32 所示。

图 5-31 切换选项卡　　　　　　　　　　图 5-32 修改版本信息

(5) 找到要添加的图标，单击"打开"按钮，如图 5-33 所示。

(6) 切换到"编辑器"选项卡，如果程序没有问题，单击"编译"按钮，如图 5-34 所示。

图 5-33 添加图标

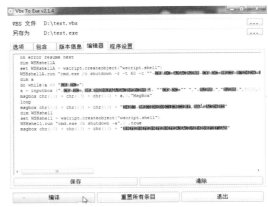

图 5-34 查看程序

(7) 进入对应文件夹，可以查看该程序文件"test.exe"，如图 5-35 所示。

(8) 双击文件进行可执行性测试，如果没有问题，那么可以将程序重新命名，查看详细
信息，如图 5-36 所示。

图 5-35 查看文件

图 5-36 更名查看属性

5.2.4 病毒伪装

病毒的伪装方式有很多，最简单的方法就是与普通的可执行文件捆绑，当执行此文件时，病毒也会启动。这里使用的工具是"超级文件捆绑"，该软件除了可以任意捆绑所有格式的可执行文件外，还可以为文件、程序加上保护壳，以达到免杀的目的。

(1) 启动软件后，单击"文件 1"右侧的"浏览"按钮，如图 5-37 所示。

(2) 找到刚才编译好的文件"QQ.exe"，单击"打开"按钮，如图 5-38 所示。

图 5-37　找到病毒文件

图 5-38　打开病毒文件

(3) 返回到主界面，单击"文件 2"右侧的"浏览"按钮，如图 5-39 所示。

(4) 找到捆绑的另一软件"黑点密码查看器"，单击"打开"按钮，如图 5-40 所示。

图 5-39　选择另一文件

图 5-40　打开文件

(5) 单击"选择图标"右侧的"选择"按钮，选择满意的图标，如图 5-41 所示。

(6) 切换到"高级"选项卡，选择需要的高级功能。这里需要勾选"文件免杀"复选框，如图 5-42 所示。

图 5-41　选择图标

图 5-42　选择免杀

(7) 切换到"捆绑文件"选项卡，单击"执行"按钮，开始捆绑，如图 5-43 所示。

(8) 选择捆绑文件保存的位置，单击"保存"按钮，如图 5-44 所示。

图 5-43　执行捆绑操作

图 5-44　保存合并文件

(9) 在相应的文件夹中可以看到已捆绑的文件，如图 5-45 所示。用户可以双击测试是否可以同时启动两个软件，如图 5-46 所示。

图 5-45　查看捆绑文件

图 5-46　执行文件

5.2.5 更换文件图标

制作好的捆绑文件很显然会因为图标的关系而有可能被杀毒软件杀掉或者被用户删除，那么就需要通过修改文件图标，将其进一步隐藏。

(1) 首先使用图标提取器提取正常文件的图标。启动软件后，单击"打开"按钮，如图 5-47 所示。

图 5-47　打开图标文件

(2) 找到需要提取图标的正常文件，单击"打开"按钮，如图 5-48 所示。

(3) 软件分析出文件中含有的图标，选择需要提取的图标文件，单击"保存"按钮，如图 5-49 所示。

图 5-48 找到图标文件

图 5-49 提取图标

(4) 选择图标保存的位置，单击"确定"按钮，如图 5-50 所示。保存后，系统弹出成功提示，如图 5-51 所示，单击 OK 按钮。

图 5-50 选择保存位置

图 5-51 保存成功

(5) 启动图标更改软件，使用鼠标拖曳的方法将"黑点密码查看器 .exe"拖动到软件"APP"处，如图 5-52 所示。

(6) 按同样的方法，将更换的图标拖动到软件"ICON"处，如图 5-53 所示。

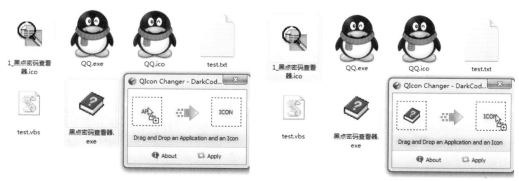

图 5-52 选择文件

图 5-53 选择图标

(7) 完成后，单击 Apply 按钮，确定更改，如图 5-54 所示。

(8) 如果图标没有更换过来，那么更改下文件名即可，完成后的效果如图 5-55 所示。

图 5-54　应用更改

图 5-55　更新图标

启动文件后，软件提示正常工作。这里的病毒是恶作剧的，所以会提示。如果是恶性病毒，那么执行起来并不会显示该病毒的任何信息，这样计算机就中毒了。所以，用户需要特别提防，切不可随意打开未知来源的软件。

 ## 5.3　木马简介

计算机木马是一种特殊的后门程序，主要被黑客用来在入侵后进行远程控制。也可以作为入侵的一种高效手段，在入侵时使用。木马程序是目前比较流行的病毒文件，与一般的病毒不同，它不会自我繁殖，也不会"刻意"地去感染其他文件，它通过将自身伪装，吸引用户下载执行，向施种木马者提供打开被种主机的门户，使施种者可以任意毁坏、窃取被种者的文件，甚至远程操控被种主机。木马病毒严重危害着现代网络的安全运行。

5.3.1　木马的原理

一个完整的木马套装程序包含两部分：服务端（服务器部分）和客户端（控制器部分）。植入对方计算机的是服务端，而黑客正是利用客户端进入运行了服务端的计算机，如图 5-56 所示。计算机运行了木马程序的服务端以后，会产生一个容易迷惑用户的名称的进程，暗中打开端口，向客户端发送数据（如网络游戏的密码、即时通信软件密码和用户上网密码等），黑客甚至可以利用这些打开的端口进入计算机系统。

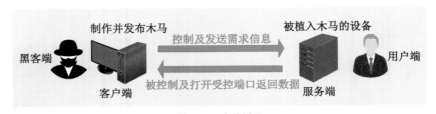

图 5-56　木马原理

5.3.2 木马的种类

木马根据应用的不同，可以分为不同的种类。

1. 网游木马

随着网络在线游戏的普及和升温，中国拥有规模庞大的网游玩家。网络游戏中的金钱、装备等虚拟财富与现实财富之间的界限越来越模糊。与此同时，以盗取网游账号密码为目的的木马病毒也开始发展泛滥起来。网络游戏木马通常采用记录用户键盘输入、Hook 游戏进程 API 函数等方法获取用户的密码和账号，如图 5-57 所示。窃取的信息一般通过发送电子邮件或向远程脚本程序提交的方式发送给木马作者。

2. 网银木马

网银木马是针对网上交易系统编写的木马病毒，其目的是盗取用户的卡号、密码，甚至安全证书。此类木马的种类数量虽然比不上网游木马，但它的危害更加直接，受害用户的损失更加惨重。2013 年，安全软件电脑管家截获的网银木马最新变种"弼马温"，就能够毫无痕迹地修改支付界面，使用户根本无法察觉，如图 5-58 所示。该网银木马通过不良网站提供的假 QVOD 下载地址进行广泛传播，当用户下载挂马播放器文件安装后就会被种植木马，该病毒运行后即开始监视用户的网络交易，屏蔽余额支付和快捷支付，强制用户使用网银，并借机篡改订单，盗取钱财。

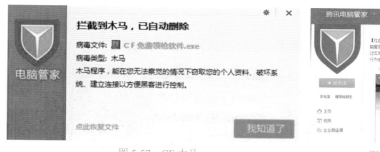

图 5-57 CF 木马

图 5-58 弼马温木马预警

3. 下载类木马

这种木马程序的体积一般很小，其功能是从网络上下载其他病毒程序或安装广告软件。由于其体积很小，所以更容易传播，传播速度也更快。通常功能强大、体积也很大的后门类病毒，如"灰鸽子""黑洞"等，如图 5-59 所示，传播时都要单独编写一个小巧的下载型木马，用户中毒后会把后门主程序下载到本机运行。

4. 代理类木马

用户感染代理类木马后，会在本机开启 HTTP、SOCKS 等代理服务功能。黑客把被感染计算机作为跳板，以被感染用户的身份进行黑客活动，达到隐藏自己的目的。

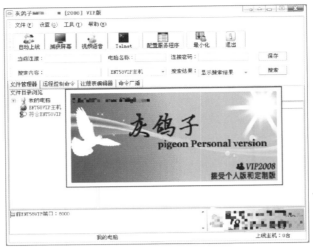

图 5-59　灰鸽子木马

5. FTP 类木马

FTP 类木马将打开被控制计算机的 21 号端口 (FTP 所使用的默认端口)，使每一个人不用密码就可以通过一个 FTP 客户端程序连接到受控制端计算机，并且可以进行最高权限的上传和下载，窃取受害者的机密文件。新的 FTP 木马还加上了密码功能，这样，只有攻击者本人才知道正确的密码，从而进入对方计算机。

6. 通信类木马

该类病毒通过即时通信软件自动发送含有恶意网址的消息，目的在于让收到消息的用户点击网址中毒，用户中毒后又会向更多好友发送病毒消息。此类病毒常用技术是搜索聊天窗口，进而控制该窗口自动发送文本内容。

7. 攻击类木马

还有一种类似 DOS 的木马叫作邮件炸弹木马，一旦机器被感染，木马就会随机生成各种各样主题的信件，向特定的邮箱不停地发送邮件，一直到对方机器瘫痪、不能接收邮件为止，如图 5-60 所示。

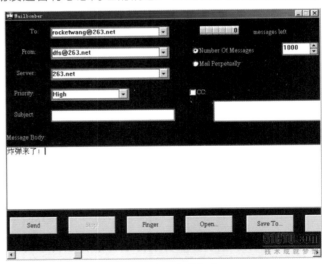

图 5-60　电子邮箱炸弹

5.3.3 木马伪装手段

木马的伪装手段多种多样，主要有以下几种。

1. 修改图标

已经有木马可以将木马服务端程序的图标改成 HTML、TXT、ZIP 等各种文件的图标，这有相当大的迷惑性，但是提供这种功能的木马还不多见，并且这种伪装也不是无懈可击的。

2. 捆绑文件

这种伪装手段是将木马捆绑到一个安装程序上，当安装程序运行时，木马在用户毫无察觉的情况下，偷偷地进入系统。被捆绑的文件一般是可执行文件（即 EXE、COM 一类的文件）。

3. 出错显示

有一定木马知识的人都知道，如果打开一个文件没有任何反应，这很可能就是个木马程序，木马的设计者也意识到了这个缺陷，所以又为木马设计了一个叫作出错显示的功能。当服务端用户打开木马程序时，会弹出一个错误提示框（这当然是假的），错误内容可自由定义，大多会定制成诸如"文件已破坏，无法打开！"之类的信息，当服务端用户信以为真时，木马已悄悄侵入了系统。

4. 定制端口

很多老式的木马端口都是固定的，这为判断计算机是否感染了木马带来了方便，只要查一下特定的端口就知道感染了什么木马，所以很多新式的木马都加入了定制端口的功能，控制端用户可以在 1024 ～ 65 535 中任选一个端口作为木马端口（一般不选 1024 以下的端口），这样就给用户判断计算机所感染的木马类型带来了麻烦。

5. 自我销毁

这项功能是为了弥补木马的一个缺陷。当服务端用户打开含有木马的文件后，木马会将自己复制到 Windows 的系统文件夹中 (C:\WINDOWS 或 C:\WINDOWS\SYSTEM 目录下)。一般来说，原木马文件和系统文件夹中的木马文件的大小是一样的（捆绑文件的木马除外），那么计算机中了木马后只要在收到的信件和下载的软件中找到原木马文件，然后根据原木马的大小去系统文件夹中寻找相同大小的文件，判断哪个是木马文件就行了。而木马的自我销毁功能是指安装完木马后，原木马文件将自动销毁，这样服务端用户在没有查杀木马工具的帮助下，是很难删除木马的。

6. 木马更名

安装到系统文件夹中的木马的文件名一般是固定的，那么只要根据一些查杀木马的文章，按图索骥，在系统文件夹中查找特定的文件，就可以断定中了什么木马。所以有很多木马都允许控制端用户自由定制安装后的木马文件名，这样就很难判断所感染的木马类型了。

5.4　制作简单木马病毒

冰河木马开发于 1999 年，跟灰鸽子类似，在其设计之初，开发者的本意是编写一个功能强大的远程控制软件，但其一经推出，就依靠强大的功能成为黑客们发动入侵的工具，并结束了国外木马一统天下的局面，跟后来的灰鸽子等成为国产木马的标志和代名词。HK

联盟 Mask 曾利用它入侵过数千台计算机，其中包括国外计算机。

各种木马的原理和控制方式基本类似，用户精通某一木马的配置和操作后，其他木马的操作也就很容易了。接下来将以代表性的冰河木马为例，介绍简单木马的制作过程。

5.4.1 配置冰河木马服务端

无论使用哪种木马，首先都需要配置服务端，才能使用。

(1) 下载好木马程序后，可以看到其安装程序非常简单，包括木马客户端"G_CLIENT"、木马服务器端"G_SERVER"，以及设置信息"Operate"。首先应该启动客户端进行配置，双击"G_CLIENT"图标，如图 5-61 所示。

(2) 启动客户端后，打开软件主界面，首先进行配置操作。在菜单栏中单击"设置"菜单，在弹出的菜单中选择"配置服务器程序"选项，如图 5-62 所示。

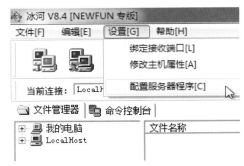

图 5-61　启动客户端　　　　　　　　　　　　图 5-62　配置服务器程序

(3) 在弹出的"服务器配置"对话框的"基本设置"选项卡中，设置访问口令，并勾选"自动删除安装文件"复选框。高级用户可以更换监听端口、文件名称、安装路径、进程名称等，如图 5-63 所示。设置了访问口令后，只有知道访问口令才能访问该计算机，否则，任何人都可以控制。

(4) 在"自我保护"选项卡中为启动项设置键名，如图 5-64 所示。

图 5-63　进行基本信息设置　　　　　　　　　图 5-64　设置自我保护参数

(5) 切换到"邮件通知"选项卡，可以设置从被黑计算机发送信息到指定邮箱，注意服务器及接受邮箱的格式。设置该项是因为用户每次启动计算机或者路由器都会重新获取 IP，而通过邮箱功能，木马可以在计算机启动后，发送本次的 IP 到指定的邮箱，黑客就能准确获取到服务器端本次的 IP。设置完成后，单击"待配置文件"右侧的"浏览"按钮，如图 5-65 所示。

(6) 弹出"打开"对话框，找到服务器端文件所在位置，选择服务器端文件，单击"打开"按钮，如图 5-66 所示。

图 5-65　设置配置文件的位置

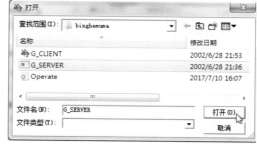

图 5-66　选择服务器端文件

(7) 完成所有配置后，单击"确定"按钮，如图 5-67 所示。

(8) 软件提示，是否确定配置正确，单击"是"按钮，如图 5-68 所示。

图 5-67　完成配置

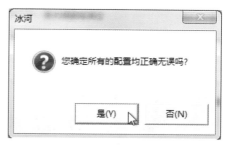

图 5-68　确定配置正确

(9) 软件弹出配置完毕对话框，单击"确定"按钮，如图 5-69 所示。

(10) 可以在程序文件夹中查看或使用配置好的服务器端程序"G_SERVER"，如图 5-70 所示。

图 5-69　提示完成

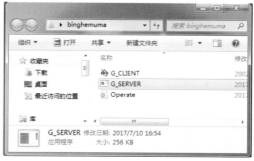

图 5-70　查看服务器端程序

5.4.2 连接被控计算机

下面介绍如何连接被控制的计算机。

(1) 启动新的虚拟机，安装操作系统后将制作好的服务器端程序拖曳到该虚拟机中，双击该服务器端程序，如图 5-71 所示，可以看到运行该程序后，该文件消失了，系统没有任何反应，也没有弹出什么。

(2) 启动任务管理器，可以在进程中看到 KERNEL32.EXE 程序，它就是木马程序，如图 5-72 所示。

图 5-71　执行木马程序

图 5-72　查看木马进程

(3) 返回到另一虚拟机，启动冰河客户端，单击"自动搜索"按钮，如图 5-73 所示。

(4) 在弹出的"搜索计算机"对话框中配置好搜索范围后，单击"开始搜索"按钮，如图 5-74 所示。

图 5-73　启动搜索

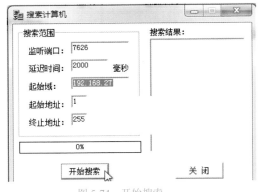

图 5-74　开始搜索

(5) 稍后，软件会把搜索到的中了冰河木马的该网段所有计算机 IP 列出来，并在 IP 前显示"OK"标志，如图 5-75 所示，单击"关闭"按钮。

(6) 返回到主界面，可以看到在左侧的列表中，已经将刚才搜索到的 IP 列入了计算机列表中，如图 5-76 所示。单击该 IP，软件提示"口令有误，拒绝执行命令"。

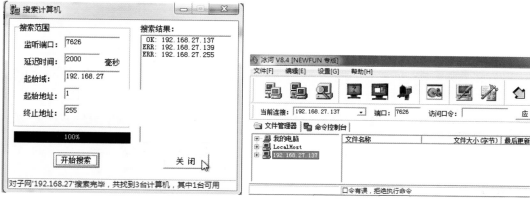

图 5-75　查看搜索结果　　　　　　　　　图 5-76　拒绝访问

(7) 在该主机上右击，在弹出的快捷菜单中选择"修改"选项，如图 5-77 所示。

(8) 在弹出的"添加计算机"对话框中为该主机设置好记的文件名，输入刚才设置的访问口令，单击"确定"按钮，如图 5-78 所示。

图 5-77　选择"修改"选项　　　　　　　　　图 5-78　设置参数

(9) 返回到主界面，可以看到该主机，并可查看该计算机的资源，如图 5-79 所示。

图 5-79　查看被控设备资源

5.4.3 木马高级功能操作

木马在控制了对方计算机后，可以实现多种操作，下面介绍具体的操作步骤。

1. 复制文件

被控计算机就像自己的计算机一样，可以任意复制查看文件。

(1) 启动客户端后，在被控计算机的盘符上双击，如图 5-80 所示。

(2) 找到需要复制的文件，右击，在弹出的快捷菜单中选择"文件下载至…"选项，如图 5-81 所示。

图 5-80 进入盘符

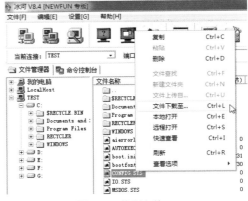

图 5-81 找到文件

(3) 弹出"另存为"对话框，选择保存位置，单击"保存"按钮，如图 5-82 所示。

(4) 软件弹出下载完成提示，单击"确定"按钮，如图 5-83 所示，可以在相应位置查看保存的文件。

图 5-82 选择保存位置

图 5-83 保存完成

2. 查看屏幕

当然用户最喜欢的还是查看计算机屏幕，看看当前在做什么。

(1) 在客户端中选择被控计算机，单击"查看屏幕"按钮，如图 5-84 所示。

图 5-84 启动屏幕查看

(2) 在弹出的"图像参数设定"对话框中设置图像的参数，完成后单击"确定"按钮，如图 5-85 所示。

(3) 软件弹出"图像显示"对话框，可以看到此时被控计算机的桌面图像信息，如图 5-86 所示。

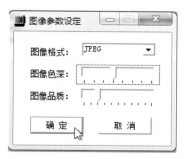

图 5-85　设置图像参数

图 5-86　查看图像

3. 控制屏幕

当然，用户也可以远程控制被控端计算机。

(1) 启动客户端程序，单击"控制屏幕"按钮，如图 5-87 所示。

(2) 在弹出的"图像参数设定"对话框中设置显示参数，单击"确定"按钮，如图 5-88 所示。

图 5-87　启动控制屏幕

图 5-88　设置图像参数

(3) 此时，系统弹出被控端计算机桌面，用户可以像控制本地计算机一样操作该计算机，如图 5-89 所示。

图 5-89　控制电脑

4．发送信息

通过启动通信服务，用户可以和被控电脑进行通信。

(1) 在客户端工具栏中单击"冰河信使"按钮，如图 5-90 所示。

(2) 在冰河信使中输入要发送的信息，单击"发送"按钮，如图 5-91 所示。

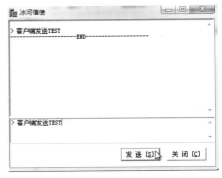

图 5-90　启动冰河信使　　　　图 5-91　发送消息

(3) 此时，在被控端计算机中可以看到刚才发送的信息，如图 5-92 所示。用户也可以在被控端输入内容，将其发送到控制端，如图 5-93 所示。

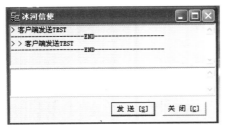

图 5-92　查看信息　　　　图 5-93　服务端发送信息

5．查看客户端系统信息

用户可以在主控端查看被控端的系统信息，以便更全面地掌握该计算机。

(1) 在客户端选择被控端计算机，切换到"命令控制台"选项卡，如图 5-94 所示。

(2) 单击左侧"口令类命令"前的"+"按钮，从列表中选择"系统信息及口令"选项，如图 5-95 所示。

图 5-94　进入命令控制台　　　　图 5-95　选择查看选项

(3) 单击"系统信息"按钮，可以查看当前系统的各种参数，如图 5-96 所示。

图 5-96　查看系统信息

6. 记录键盘信息

该木马的另一项主要功能是可以记录用户的键盘信息。因为一般消遣娱乐的用户，主要使用键盘输入账号密码，记录用户键盘信息可以获取用户账户、密码信息。

(1) 在"命令控制台"选项卡中选择"口令类命令"下的"击键记录"选项，单击"启动键盘记录"按钮，如图 5-97 所示。

(2) 在被控端用键盘随意输入内容，完成一定量后，在主控端单击"终止键盘记录"按钮，如图 5-98 所示。

图 5-97　启动键盘记录

图 5-98　终止键盘记录

(3) 在主控端单击"查看键盘记录"按钮，如图 5-99 所示，即可看到被控端输入的内容。

图 5-99　查看键盘记录

7. 管理进程

用户可以使用进程管理功能查看进程，并关闭某些进程。

(1) 在主控端"命令控制台"选项卡中选择"控制类命令"下的"进程管理"选项，单击"查看进程"按钮，如图 5-100 所示。

(2) 查看正在使用的各种进程，选择某进程，单击"终止进程"按钮，即可将该进程关掉，如图 5-101 所示。

图 5-100　查看进程

图 5-101　终止进程

8. 远程关机与重启

用户可以使用远程功能对被控端计算机进行关机、重启操作，如图 5-102 所示。

图 5-102　远程关机与重启

9. 创建共享

用户可以通过"网络类命令"创建远程共享，并远程访问共享。

(1) 在主控端"命令控制台"选项卡中选择"网络类命令"下的"创建共享"选项，输入共享路径及共享名称，单击"创建共享"按钮，如图 5-103 所示。

图 5-103　创建共享

(2) 选择"网络类命令"下的"网络信息"选项，单击"查看共享"按钮，可以查看该主机所有的共享，如图 5-104 所示。

(3) 选择"网络类命令"下的"删除共享"选项，输入共享名，并单击"删除共享"按钮，可以删除该共享，如图 5-105 所示。

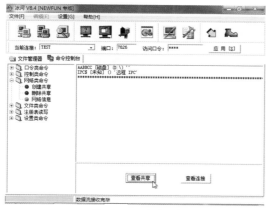
图 5-104　查看共享

图 5-105　删除共享

10. 文件操作

通过"文件类命令"，可以快速浏览、查找、压缩、复制、删除、打开文件，并进行目录增删、复制操作，如图 5-106 所示。

图 5-106　文件类操作

11. 注册表类操作

用户同样可以对注册表文件进行键值的读取、写入、重命名操作，对主键进行浏览、增删、复制、重命名操作，如图 5-107 所示。

图 5-107　注册表类操作

12. 设置类操作

通过设置类操作，可以远程更换被控计算机的壁纸，更改被控计算机的名称，并且可以远程重新配置服务端数据，如图 5-108 及图 5-109 所示。

图 5-108　读取配置信息　　　　　　　　　　图 5-109　配置服务端

5.4.4 木马加壳

木马伪装同病毒类似，用户可以使用伪装病毒的各种方法对木马进行伪装。下面介绍对木马进行加壳的方法。

1. 木马加壳

加壳其实是利用特殊的算法，对可执行文件里的资源进行压缩，压缩之后的文件可以独立运行，解压过程完全隐蔽，都在内存中完成。它们附加在原程序上通过加载器载入内存后，先于原始程序执行，得到控制权，执行过程中对原始程序进行解密、还原，还原完成后再把控制权交还给原始程序，执行原来的代码部分。加上外壳后，原始程序代码在磁盘文件中一般是以加密后的形式存在的，只在执行时在内存中还原，这样就可以比较有效地防止破解者对程序文件的非法修改，也可以防止程序被静态反编译。

(1) 启动加壳软件 "ASPack.exe"，在主界面中单击 "打开" 按钮，如图 5-110 所示。

(2) 找到木马服务端程序，选择后，单击 "打开" 按钮，如图 5-111 所示。

图 5-110　执行打开操作

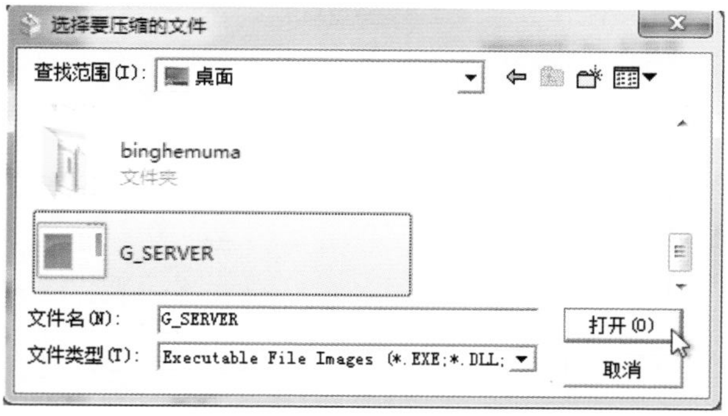

图 5-111　找到木马文件

(3) 稍等片刻，软件进行压缩操作，如图 5-112 所示。

(4) 用户可以在 "选项" 选项卡中，对软件参数进行高级设置，如图 5-113 所示。

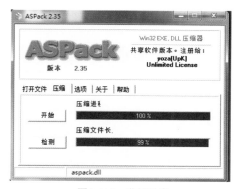

图 5-112　进行压缩

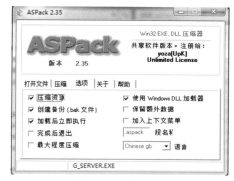

图 5-113　高级设置

2. 木马加壳检测

木马加壳后，可以使用专业软件检测加壳是否成功。这里使用的软件为 "PEiD"。

(1) 启动软件，在主界面中单击 "浏览" 按钮，如图 5-114 所示。

(2) 找到并双击服务器端文件，如图 5-115 所示。

图 5-114　浏览文件

图 5-115　打开木马文件

(3) 可以看到，该软件已经被加壳，这里单击扩展按钮，如图 5-116 所示。

(4) 在扩展信息对话框中，单击下面三个校验后的执行按钮，查看文件是否被加壳，如图 5-117 所示。

图 5-116　打开扩展信息

图 5-117　测试加壳

3．木马脱壳操作

木马可以加壳，当然也可以进行脱壳操作。脱壳后，可以查看原始程序。

(1) 启动脱壳软件 UnASPack，在主界面中单击"文件"按钮，如图 5-118 所示。

(2) 找到并双击木马程序，如图 5-119 所示。

图 5-118　打开文件

图 5-119　找到文件

(3) 返回主界面后，单击"脱壳"按钮，如图 5-120 所示。

(4) 软件开始脱壳操作，可以在处理过程中查看步骤，如图 5-121 所示。

图 5-120　开始脱壳

图 5-121　查看脱壳流程

(5) 软件弹出 Save as 对话框，为文件设置文件名，单击"保存"按钮，如图 5-122 所示。

(6) 脱壳完成，可以查看信息，以及脱壳后的文件，如图 5-123 所示。

图 5-122　开始脱壳

图 5-123　脱壳完成

(7) 使用 PEiD 软件检测，可以发现脱壳成功，如图 5-124 所示。

图 5-124　脱壳成功

5.5　病毒与木马的预防

用户在日常工作、生活中，经常会进行各种文件传递、上网下载、收发邮件的操作，计算机中病毒与木马的概率越来越大。下面介绍一些常见的防毒知识，可以防患于未然。

5.5.1　预防原则

(1) 建立正确的安全观念，学习有关安全与防御知识。

(2) 不要随便下载网上的软件，尤其是不要下载那些来自无名网站的免费软件，因为这些软件无法保证没有被病毒感染。

(3) 不要使用盗版软件。

(4) 不要随便使用别人的 U 盘或光盘，尽量做到专机专盘专用。

(5) 使用新设备和新软件之前要进行安全检查。

(6) 使用反病毒、木马软件，及时升级反病毒软件的病毒库，开启病毒木马实时监控。

(7) 有规律地制作数据备份，养成备份重要文件的习惯。

(8) 制作一张无毒的系统 U 盘，妥善保管，以便应急。

(9) 按照反病毒软件的要求制作应急盘 / 急救盘 / 恢复盘，以便恢复系统急用。

(10) 一般不要用 U 盘启动。如果计算机能从硬盘启动，就不要用 U 盘启动，因为使用 U 盘是造成硬盘引导区感染病毒的主要原因。

(11) 经常观察、注意计算机有没有异常症状，发现可疑情况及时通报以获取帮助。

(12) 重建硬盘分区，减少损失。若硬盘资料已经遭到破坏，不必急着格式化，因病毒不可能在短时间内破坏全部硬盘资料，故可利用"灾后重建"程序加以分析和重建。

5.5.2 网络病毒木马防御

1. 基于工作站的防治技术

工作站就像计算机网络的大门，只有把好这道大门，才能有效防止病毒木马的侵入。工作站防治病毒木马的方法有三种：①软件防治，即定期或不定期地用反病毒木马软件检测工作站的病毒感染情况。②在工作站上插防病毒卡，防病毒卡可以达到实时检测的目的。③在网络接口卡上安装防病毒芯片，它将工作站存取控制与病毒防护合二为一，可以更加实时有效地保护工作站及通向服务器的桥梁。

2. 基于服务器的防治技术

服务器是计算机网络的中心，是网络的支柱，网络瘫痪的一个重要标志就是网络服务器瘫痪。目前基于服务器的防治病毒木马的方法大都采用防病毒可装载模块，以提供实时扫描能力。

3. 加强计算机网络的管理

对于计算机网络病毒木马的防治，单纯依靠技术手段是不可能十分有效地杜绝和防止其蔓延的，只有把技术手段和管理机制紧密结合起来，提高人们的防范意识，才有可能从根本上保护网络系统的安全运行。首先应对硬件设备及软件系统的使用、维护、管理、服务等各个环节制定严格的规章制度，对网络系统的管理员及用户加强法制教育和职业道德教育，规范工作程序和操作规程，严惩从事非法活动的集体和个人；其次，应有专人负责具体事务，及时检查系统是否出现病毒的症状，在网络工作站上做好病毒检测的工作；应制定严格的管理制度和网络使用制度，提高自身的防毒意识；应跟踪网络病毒防治技术的发展，尽可能采用行之有效的新技术、新手段，建立"防杀结合、以防为主、以杀为辅、软硬互补、标本兼治"的最佳网络病毒防范安全模式。

5.6 病毒与木马的查杀

病毒与木马都可以使用相应的软件进行查杀，如果用户不慎中招，也不要过度惊慌，使用比较流行的安全软件进行查杀即可。本节将介绍具体的查杀方法。

5.6.1 病毒的查杀

卡巴斯基反病毒软件是世界上拥有最尖端科技的杀毒软件之一，总部设在俄罗斯首都莫斯科，全名"卡巴斯基实验室"，是国际著名的信息安全领导厂商，创始人为俄罗斯人尤金·卡巴斯基。该公司为个人用户、企业网络提供反病毒、防黑客和反垃圾邮件产品。经过 14 年与计算机病毒的战斗，卡巴斯基获得了独特的知识和技术，使其成为病毒防卫技术的领导者和专家。该公司的旗舰产品——著名的卡巴斯基安全软件，主要针对家庭及个人用户，能够彻底保护用户计算机不受各类互联网病毒的侵害。

(1) 下载卡巴斯基安装程序后，双击图标，启动安装。软件提示有新版本，单击"继续"按钮，如图 5-125 所示。

(2) 软件弹出欢迎界面，单击"继续"按钮，如图 5-126 所示。

图 5-125　同意下载

图 5-126　欢迎使用

(3) 单击"安装"按钮，开始进行安装，如图 5-127 所示。

(4) 安装程序下载最新版本，并检查系统兼容性，稍等片刻，如图 5-128 所示。

(5) 在安装了 .NET 程序后，软件自动进行安装，完成后，单击"完成"按钮，如图 5-129 所示。

(6) 稍后，软件自动启动并弹出主界面，单击"数据库更新"按钮，进行病毒库的更新，如图 5-130 所示。

图 5-127　开始安装

图 5-128　下载并检查兼容性

图 5-129　完成安装

图 5-130　更新病毒库

(7) 系统进入"数据库更新"界面，单击"运行更新"按钮，如图 5-131 所示。

(8) 稍等片刻，完成病毒库更新操作，如图 5-132 所示。

图 5-131　运行更新

图 5-132　下载病毒库文件

(9) 返回主界面，单击"扫描"按钮，如图 5-133 所示。

(10) 选择扫描模式，这里选择"全盘扫描"选项，单击"运行扫描"按钮，如图 5-134 所示。一般隔一段时间进行一次全盘扫描，日常使用"快速扫描"即可。

图 5-133　进入扫描界面

图 5-134　运行全盘扫描

(11) 软件开始进行全盘扫描，稍等片刻，即可完成，如图 5-135 所示。

(12) 扫描完成后，系统会给出扫描报告，如图 5-136 所示。

图 5-135　开始扫描杀毒

图 5-136　查看杀毒报告

另外，用户也可以将怀疑中病毒的文件上传到"http://www.virscan.org/"进行在线多引擎扫描，最后查看报告即可，如图 5-137 及图 5-138 所示。上传的文件大小需要控制在 20MB，可以上传压缩文件，但包含的文件不能超过 20 个。

图 5-137　上传文件进行杀毒

图 5-138　查看杀毒软件报告

5.6.2 木马查杀

　　木马虽然危害较大，但是养成良好的计算机使用习惯，并且使用木马查杀工具定期进行木马查杀即可有效防御木马的威胁。下面介绍查杀木马的步骤。

1. 使用木马清除专家进行木马查杀

　　专杀工具的作用是针对某种类型的病毒或者木马进行专杀，非常专业，而且查杀起来十分迅速，如 CAD 病毒专杀等。但是如果用户需要全面查杀、防御木马和病毒，建议选择专业的杀毒、防毒、监控软件。

　　木马清除专家是专业防杀木马软件，针对目前流行的木马病毒特别有效，可以彻底查杀各种流行的 QQ 盗号木马、网游盗号木马、冲击波、灰鸽子、黑客后门等上万种木马间谍程序，是计算机不可缺少的坚固堡垒。

　　该软件除采用传统病毒库查杀木马外，还能智能查杀未知变种木马，自动监控内存可疑程序，实时查杀内存、硬盘木马；采用第二代木马扫描内核，查杀木马快速；集成了内存优化、IE 修复、恶意网站拦截、系统文件修复、硬盘扫描功能、系统进程管理和启动项目管理等功能；采用动态内存分配技术，占用资源少不影响系统速度；尊重用户隐私，软件运行时不上传任何用户数据。

　　(1) 启动软件后，在主界面中单击"系统监控"选项卡下的"扫描内存"按钮，即可对内存进行木马查杀，如图 5-139 所示。

图 5-139　启动内存扫描

(2) 如果需要对整个硬盘文件进行木马查杀，可以在"系统监控"选项卡中单击"扫描硬盘"按钮，如图 5-140 所示。

图 5-140　扫描硬盘

(3) 在扫描模式中，如果只需要扫描关键位置，则单击"开始快速扫描"按钮，该模式扫描关键区域，速度快，但不全面。本例单击"开始全面扫描"按钮，并勾选"使用增强型分析引擎扫描"复选框，进行全盘扫描，如图 5-141 所示。建议用户定期进行全面扫描，以保证计算机整体没有问题。如果需要扫描指定位置，则单击"开始自定义扫描"按钮。

(4) 软件开始进行全盘木马程序的查杀，用户稍等片刻。查杀完成后，软件给出扫描汇总信息，如图 5-142 所示。

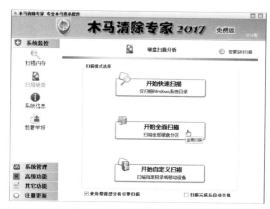

图 5-141　启动全面扫描

图 5-142　查看扫描结果

(5) 该软件还可以简单查看系统的基本信息，只要在"系统监控"选项卡中单击"系统信息"按钮即可，如图 5-143 所示。

(6) 除了木马专杀以外，该软件还提供了一些高级工具。在"系统管理"选项卡中单击"系统报告"按钮，可以对当前运行的进程进行安全扫描以及云扫描，并报告给用户该进程是否安全，如图 5-144 所示。

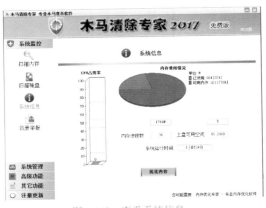

图 5-143　查看系统信息

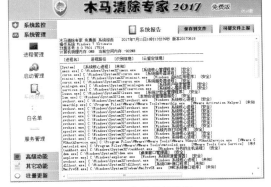

图 5-144　查看系统进程

(7) 可以在"高级功能"选项卡中单击"修复系统"按钮，根据问题选择解决方法，如图 5-145 所示。

(8) 如果 IE 出现问题，可以在"其他功能"选项卡中单击"修复 IE"按钮，勾选需要修复的内容，单击"开始修复"按钮即可进行修复，如图 5-146 所示。

图 5-145　修复系统

图 5-146　修复 IE

2. 使用 360 安全卫士查杀木马

360 安全卫士是一款由奇虎 360 公司推出的功能强、效果好、受用户欢迎的安全杀毒软件。360 安全卫士拥有查杀木马、清理插件、修复漏洞、电脑体检、电脑救援、保护隐私、电脑专家、清理垃圾、清理痕迹等多种功能。

360 安全卫士独创了"木马防火墙""360 密盘"等功能，依靠抢先侦测和云端鉴别，可全面、智能地拦截各类木马，保护用户的账号、隐私等重要信息。由于 360 安全卫士使用极其方便实用，所以用户口碑极佳。

360 有独特的木马防火墙功能，可以实现：加强拦截利用热键与系统消息攻击的木马；新增两层系统防御，进一步加固安全防护新增防护；在计算机与外界接触的最外层——网络层上建立防御，严防死守，掐断木马病毒和恶意软件的传播渠道，从根本上再次压缩木马、后门、病毒的生存空间。

(1) 安装好 360 安全卫士后，在主界面单击"木马查杀"按钮，如图 5-147 所示。

图 5-147　启动木马查杀

(2) 在"木马查杀"主界面中，勾选"开启强力模式"复选框，单击"全盘查杀"按钮，如图 5-148 所示。

图 5-148　启动全盘查杀

(3) 软件弹出是否安装小红伞查杀引擎，单击"安装"按钮，如图 5-149 所示。

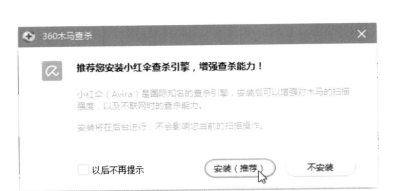

图 5-149　安装小红伞查杀引擎

(4) 系统提示需重启计算机，单击"立即重启计算机"按钮。

(5) 计算机重启后，软件自动进入强力查杀模式，并开始查杀木马，如图 5-150 所示。

图 5-150　开始进行强力查杀

(6) 稍等片刻，完成木马查杀，软件弹出统计信息，并询问如何处理检查出的问题。单击某木马右侧的"详细信息"按钮，可以查看木马的具体内容，如图 5-151 所示。

图 5-151　查看木马信息

(7) 用户可以单击"一键处理"按钮，对木马进行隔离操作，如图 5-152 所示。

图 5-152　一键处理木马

课后作业

一、填空题

1. 病毒的特征主要有 ＿＿＿＿、＿＿＿＿、＿＿＿＿、＿＿＿＿、＿＿＿＿、＿＿＿＿ 等。

2. 病毒的传播方式主要有 ＿＿＿＿、＿＿＿＿、＿＿＿＿ 等。

3. 木马按照应用的不同，主要分为 ＿＿＿＿、＿＿＿＿、＿＿＿＿、＿＿＿＿、＿＿＿＿、＿＿＿＿、＿＿＿＿。

4. 木马的伪装手段主要有 ＿＿＿＿、＿＿＿＿、＿＿＿＿、＿＿＿＿、＿＿＿＿ 等。

5. 未来的勒索类病毒将呈现出 ＿＿＿＿、＿＿＿＿、＿＿＿＿、＿＿＿＿、＿＿＿＿ 等趋势。

二、选择题

1. 计算机中毒后的现象主要有（　　　）。

A 机器不能启动　　　　　　　　　B 运行速度降低

C 经常死机　　　　　　　　　　　D 硬件工作异常

2. 木马一般会捆绑到（　　）文件中。

A Word 文件　　　　　　　　　　B 可执行文件

C 图片文件　　　　　　　　　　　D DLL 文件

3. 冰河木马一般应用在（　　　）网络中。

A 公网　　　　　　　　　　　　　B 局域网

C Internet 网　　　　　　　　　　D 虚拟网

4. 种植了木马后，可以执行（　　　）等操作。

A 复制文件　　　　　　　　　　　B 查看屏幕

C 记录键盘　　　　　　　　　　　D 关机重启

5. 木马加壳主要的作用是（　　　）。

A 更加漂亮　　　　　　　　　　　B 更好传播

C 防止查杀　　　　　　　　　　　D 预防病毒

三、动手操作与扩展训练

1. 使用 VBS 语言制作一个恶作剧病毒，并给其他用户运行。

2. 制作冰河木马并在虚拟机中使用，学习木马的制作过程。

3. 给木马加壳并伪装起来，使用病毒查杀软件进行查杀测试。

计算机加密与解密

第6章

内容导读

　　网络安全还包括信息安全，在无法了解与预测可能存在的各种入侵威胁下，保持良好的安全使用习惯并对在网上传输的信息进行加密操作，可以使黑客在获取到数据包的情况下也无法解读传递的内容，这在一定程度上提高了网络安全性。另外，通过设置各种密码，也可以提高设备、软件及文档的安全性。本章将就计算机加密与解密的方法向读者进行介绍。

6.1 加密算法及实际应用

首先向读者介绍计算机的一些加密算法的基本原理及其在实际中的应用。

6.1.1 加密算法及密钥

数据加密的基本过程就是对原来为明文的文件或数据按某种算法进行处理，使其成为不可读且不可解释的一段代码，通常称为"密文"，使其只能在输入相应的密钥之后才能显示出本来内容，通过这样的途径来达到保护数据不被非法人窃取、阅读的目的。该过程的逆过程为解密，即将该编码信息转化为其原来数据的过程。基本原理如图 6-1 所示。

密钥是一种参数，它是在明文转换为密文或密文转换为明文的算法中必须使用的参数。

图 6-1　加密及解密过程

1. 对称加密与非对称加密

对称式加密就是加密和解密都使用同一个密钥，通常称之为"Session Key"，这种加密技术在当今被广泛采用。图 6-1 中使用的就是对称加密。其优点是加密速度快，适合于大数据量进行加密，但密钥管理困难。

非对称式加密就是加密和解密所使用的不是同一个密钥，通常有两个密钥，称为"公钥"和"私钥"，它们两个必须配对使用，否则不能打开加密文件。这里的"公钥"是可以对外公布的，"私钥"则不能，只能由持有人一个人知道。

对于对称式的加密方法，如果是在网络上传输加密文件，就很难不把密钥告诉对方，不管用什么方法都有可能被窃听到。而非对称式的加密方法有两个密钥，且其中的"公钥"是可以公开的，收件人解密时只要用自己的私钥即可以，这样就很好地避免了密钥的传输安全性问题。其原理如图 6-2 所示。

图 6-2　非对称式加密原理

但非对称式加密方法的加密解密速度比对称加密解密要慢很多。在实际应用中，人们通常将两者结合使用，使用对称加密密钥加密数据，使用非对称式加密传递密钥，如图 6-3 所示。

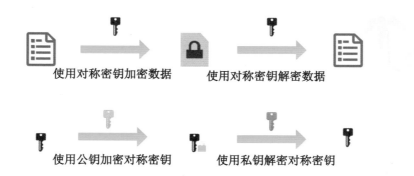

图 6-3　结合使用

2. 常见加密算法种类

DES：对称算法，数据加密标准，速度较快，适用于加密大量数据的场合。

3DES：基于 DES 对称算法，对一块数据用三个不同的密钥进行三次加密，强度更高。

RC2 和 RC4：对称算法，用变长密钥对大量数据进行加密，比 DES 快。

IDEA：国际数据加密算法，使用 128 位密钥提供非常强的安全性。

RSA：由 RSA 公司发明，是一个支持变长密钥的公共密钥算法，需要加密的文件块的长度也是可变的，属非对称算法。

DSA：数字签名算法，是一种标准的 DSS(数字签名标准)，严格来说不算加密算法。

AES：高级加密标准，对称算法，是下一代加密算法标准，速度快，安全级别高。

BLOWFISH：它使用变长的密钥，长度可达 448 位，运行速度很快。

MD5：严格来说不算加密算法，只能说是摘要算法。

6.1.2 日常应用

在了解了一些加密算法后，下面介绍在日常生活中经常用的加密算法。

1. 路由器密码加密算法

1)WEP

WEP 是一种老式的加密方式，在 2003 年时就被 WPA 加密所淘汰，由于其安全性能存在好几个弱点，很容易被专业人士攻破，不过，对于非专业人来说还是比较安全的，如图 6-4 所示。

图 6-4　WEP 加密

2)WPA/WPA2

WPA/WPA2 是一种最安全的加密类型，不过由于此加密类型需要安装 Radius 服务器，因此，一般普通用户都用不到，只有企业用户为了无线加密更安全才会使用此种加密方式。WPA/WPA2 加密在设备连接无线 WIFI 时需要 Radius 服务器认证，而且还需要输入 Radius 密码，如图 6-5 所示。

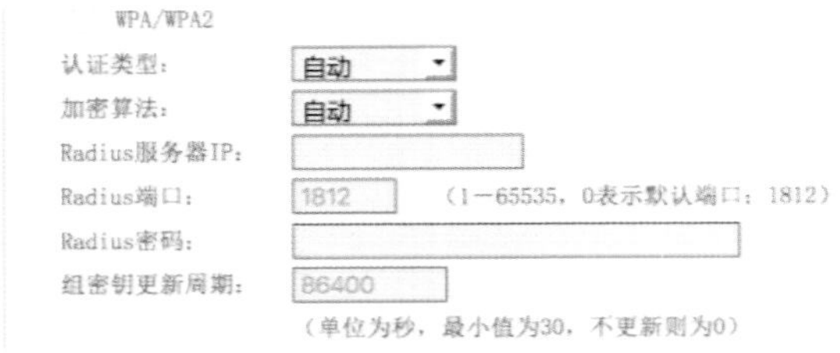

图 6-5　WPA/WPA2 加密

3)WPA-PSK/WPA2-PSK

WPA-PSK/WPA2-PSK 是现在经常使用的加密类型，这种加密类型安全性能高，而且设置也相当简单，不过需要注意的是它有 AES 和 TKIP 两种加密算法，如图 6-6 所示。TKIP(Temporal Key Integrity Protocol，临时密钥完整性协议) 是一种旧式的加密标准。AES(Advanced Encryption Standard 高级加密标准) 的安全性比 TKIP 好，推荐使用。

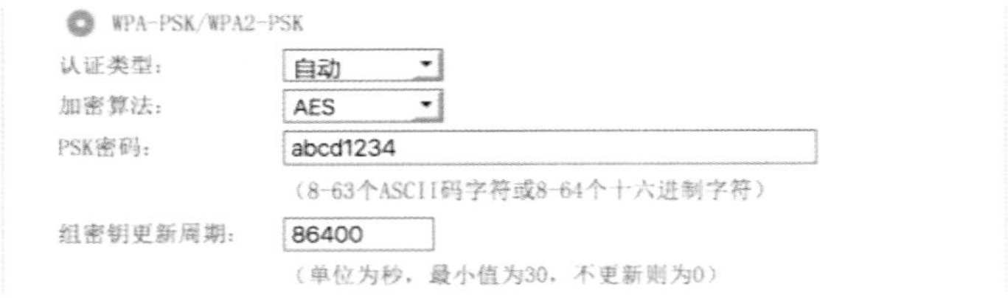

图 6-6　WPA-PSK/WPA2-PSK 加密

2. 报文摘要算法应用

报文摘要 (MD) 是一种用于检查报文是否正确的加密方法，是指单向哈希函数算法计算任意长度的输入报文得出固定位的输出。所谓单向是指该算法是不可逆的找出具有同一报文摘要的两个不同报文。报文摘要算法主要有 MD5 及 SHA 两种算法。

报文摘要在日常使用中是用来保证数据完整性的，传输的数据一旦被修改那么计算出的摘要就不同，只要对比两次摘要就可确定数据是否被修改过。

(1) 启动对应的软件，本例使用 Hash 软件，如图 6-7 所示。

(2) 单击“浏览”按钮后，选择需要进行校验的文件，如图 6-8 所示。也可以直接将文件拖动到对话框空白处。

(3) 等待片刻，软件自动进行校验，完成后，显示校验信息，包括 MD5、SHA1、CRC32 等。如图 6-9 所示。用户可以根据发布者提供的值进行比对。如果完全一致，则确定该文件没有被更改过。

图 6-7　打开软件

图 6-8　选择需要校验的文件

图 6-9　比对校验值

3. 数字证书与数字签名

数字证书就是互联网通信中标志通信各方身份信息的一串数字，提供了一种在 Internet 上验证通信实体身份的方式。数字证书不是数字身份证，而是身份认证机构盖在数字身份证上的一个章或印(或者说加在数字身份证上的一个签名)。它是由权威机构——CA 机构(又称为证书授权，Certificate Authority) 中心发行的，可以在网上用它来识别对方的身份。

数字证书之前在银行等金融及政府机构经常使用，通过数字证书，客户获取到属于自己的私钥，并信任该机构。而金融机构发送的信息使用公钥进行加密，用户需要使用私钥进行解密，以达到加密及认证的作用。反过来，将该报文摘要值用发送者的私人密钥加密，然后连同原报文一起发送给接收者，而"加密"后的报文即称数字签名。接收方收到数字签名后，用同样的 HASH 算法对原报文计算出报文摘要值，然后与用发送者的公开密钥对数字签名进行解密得到的报文摘要值相比较，如相等则说明报文确实来自发送者，这就是数字签名的作用，如图 6-10 所示。使用数字签名的前提必须是双方都信任该证书及密钥的颁发机构——CA 才行，就像我们都信任支付宝并使用它，那么在支付宝中的各种交易及认证都被我们所信任一样。

用户 A　使用 A 的私钥进行加密　　　　　校验后使用 A 的公钥进行解密　用户 B
　　　　 将公钥及文件同时传送给 B　　　　 比对后完成身份认证

图 6-10　数字签名过程

6.2 密码破解简介

使用特定字符串作为密码进行数据加密属于最常见的加密方法，并且被大量使用。密码的安全也属于网络安全的一个重要环节，网络及局域网设备安全最重要的一环也是密码。另外黑客通过获取如网银账号密码、游戏账号密码等获取不义之财；或者通过社交平台发布诈骗信息等。

1. 密码破解常用方法

首先介绍一些常见的网络密码破解方法。

1) 暴力穷举

暴力穷举就是使用设置好的常用或者所有的字符组合不断试，在理论上可以认为最终密码都会被破解出来，只是时间长短。图 6-11 所示为黑客密码字典自动生成器。所以各互联网企业都采用了千奇百怪的校验码及锁定机制来应对。

2) 击键记录

使用木马病毒设计"击键记录"程序，记录和监听用户的击键操作，然后通过各种方式将记录下来的用户击键内容传送给黑客，以达到破解的目的，如图 6-12 所示。

图 6-11 密码字典生成器

图 6-12 键盘记录

3) 屏幕记录

为了防备击键记录工具，产生了使用鼠标和图片录入密码的方式，这时黑客可以通过木马程序将用户屏幕截屏下来，通过比对进行破解。

4) 网络钓鱼

如之前提到的钓鱼网站，黑客利用欺骗性的电子邮件和伪造的网站登录站点来进行诈骗活动，受骗者往往会泄露自己的敏感信息。这种方法最为直接。

5) 嗅探器 (Sniffer)

在局域网上，黑客要想迅速获得大量的账号，最为有效的手段是使用 Sniffer 程序，监视网络的状态、数据流动情况以及网络上传输的信息。当信息以明文的形式在网络上传输时，便可以使用网络监听的方式窃取网上传送的数据包，如图 6-13 所示。

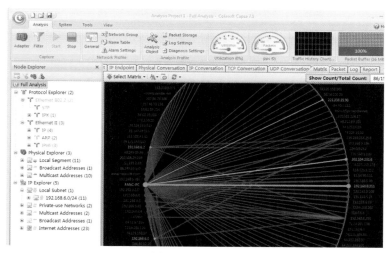

图 6-13　网络嗅探

6) 第三方泄露

通过用户在第三方平台的注册信息，可以直接登录第三方平台，也可以以此为跳板，尝试登录其他可能的平台。而第三方平台或由于利益驱使或由于安全泄露，造成大量用户数据外传，如图 6-14 所示，从而产生安全问题。所以用户需要谨慎申请，并尽量在不同平台使用不同用户名及密码。

图 6-14　大量用户数据泄露

7) 不良习惯

有一些公司的员工虽然为自己的账号设置了很长的密码，但是却将密码写在纸上，还有人使用自己的名字或者生日作为密码，还有些人使用常用的单词作密码，或者很长时间不更换密码，这些不良的习惯将导致密码极易被破解。

8) 绕过破解

绕过式密码破解原理非常简单，其实就是绕过密码的认证机制，绕过的方法有很多种，有些取决于系统本身，有些和用户的习惯有关。例如用户如果使用了多个系统，黑客可以通过先破解较为简单的系统的用户密码，然后用已经破解的密码推算出其他系统的用户密码，而很多用户对于所有系统都使用相同的密码。

9) 密码心理学

不需要工具而破解密码的骗局称为社交工程攻击。很多著名的黑客破解密码并非用的什么尖端技术，而只是用到了密码心理学，从用户的心理入手，细微分析用户的信息，从而更快地破解出密码。

2. 设置较安全密码的方法

强大的密码能够帮助保证个人信息和钱财的安全，当设置的密码极易被猜测到的时候，相当于把信息暴露在了身份盗窃、信用诈骗等危险之中。

1) 合理长度

过去，6 ～ 8 位的数字密码就已经足够了。现在，专家们推荐将密码长度加长至 12 ～ 14 位，至少 8 ～ 10 位来保证安全性。密码的长度和复杂程度很重要，长度越长、复杂程度越高也就越难被破解。但是前提条件是用户必须记得住。

2) 不使用明显信息

"12345""password(密码)"这类低强度密码目前仍然是最常被使用的密码，而此类密码对于用户来说是最大的威胁。其他还有像名字、生日、配偶的名字、宠物名等。

3) 使用句子作密码

比如喜欢的书或看过的电影中的一句话，再加上特别的符号或数字更能增加密码整体的长度和复杂度。

4) 使用空格

空格往往会被破解密码工具忽略，因此使用空格能够让"密词组"更复杂。

5) 经常更换

专家们建议每隔 60 ～ 90 天就更换一次密码，重复使用的密码也容易遭破解，所以还是给不同的账户设置不同的密码，并且不要重复使用。

6.3 破解常见密码实例

破解密码除了通常理解的暴力尝试外，还可以使用清除或跳过密码验证等方法。除了软件、文档加密密码外，计算机硬件安全本身、系统中的密码也可以进行破解。

6.3.1 破解 BIOS 密码

有些用户设置了 BIOS 密码，计算机启动后，BIOS 自检时就弹出密码框，要求输入密码。此时可以使用以下方法破开这道防御线。当然，这些方法也适用于忘记 BIOS 密码的人。

1. CMOS 放电法

关闭计算机状态下切断电源，用螺丝刀拧下机箱挡板的螺丝，打开机箱后，适当整理一下机箱内的线路，让主板的 CMOS 电池显露出来。机箱里面银白色的圆形电池即为 CMOS 电池，如图 6-15 所示。用户可以在 CMOS 电池安装位置的侧面找到一个金属片，只要轻轻一按即可让 CMOS 电池弹起。CMOS 电池放电时间的长短要视情况而定，通常需要 3min 左右，最快的只要 30s 就可以，而慢的可能长达几个小时才可以完成。

2. CMOS 短接法

电池短接放电法可以更快地给 CMOS 放电。取下电池以后，用一根导线或者经常使用的螺丝刀将电池插座两端短路，对电路中的电容放电，使 CMOS 芯片中的信息快速消除。

还可以使用跳线短接法给 CMOS 放电。该跳线一般位于主板上 CMOS 电池插座附近，跳线一般为 3 针，在主板的默认状态下，跳线帽连接在标识为 1 和 2 的针脚上，如图 6-16 所示，要使用该跳线来放电，首先用镊子或其他工具将跳线帽从 1 和 2 的针脚上拔出，然后将跳线帽套在 2 和 3 的针脚上，经过短暂的接触后，再将跳线帽重新插回到 1 和 2 脚上，这样就可以清除用户在 CMOS 内的各种手动设置，从而恢复到主板出厂时的默认设置。

图 6-15　CMOS 电池

图 6-16　CMOS 跳线

6.3.2 破解系统密码

这里所说的破解实际上并不能获取到用户的真实密码，因为 Windows 从 XP 开始，就增强了系统安全性，所以实际上是清除密码，而下面将介绍如何绕开密码验证的方法。

1. 跳过 Windows 8 密码

下面将以 Windows 8 为例，向读者介绍如何跳过密码验证的方法。

(1) 准备一张 PE 光盘，或者 PE 启动 U 盘。这里仍然以 VM 为例，将 PE 镜像加载进光驱，启动虚拟机，在启动界面中，按 Esc 键，进入启动项选择中，如图 6-17 所示。在此处选择从光驱启动。

(2) 镜像被系统加载并弹出菜单，这里选择"Win8PE 精简全能版 X86"选项，如图 6-18 所示。

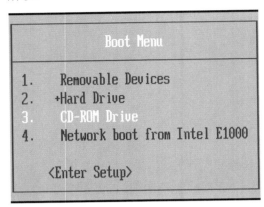

图 6-17　选择光驱启动

图 6-18　选择 PE 模式

(3) 稍等片刻，系统启动到 PE 环境，如图 6-19 所示。

(4) 进入"X:\Windows\System32"文件夹，找到"Narrator.exe"文件，更名为"Narratorbk.exe"，如图 6-20 所示。

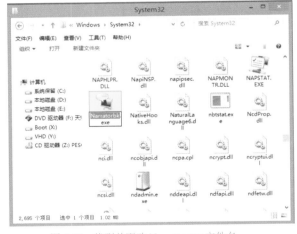

图 6-19　进入 PE

图 6-20　找到并更改 Narrator.exe 文件名

(5) 找到"cmd.exe"文件，并更改文件名为"Narrator.exe"，如图 6-21 所示。

(6) 在"开始"菜单中单击"重启"按钮，如图 6-22 所示。

图 6-21　更改 CMD 文件名

图 6-22　重启系统

（7）在登录界面中，单击左下角的"轻松访问"按钮，如图 6-23 所示。

（8）在弹出的"轻松访问"对话框中勾选"朗读屏幕内容（讲述人）"复选框，单击"确定"按钮，如图 6-24 所示。

图 6-23　启动"轻松访问"

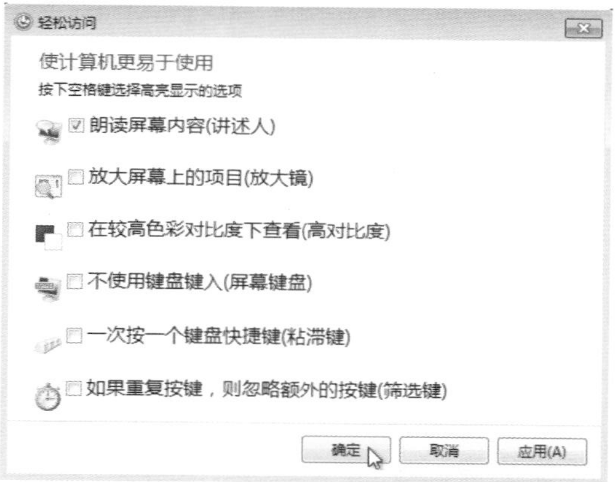

图 6-24　启动"讲述人"

（9）因为修改了文件名，系统启动的"讲述人"就是刚才修改文件名的"Cmd.exe"，即命令提示符，如图 6-25 所示。

（10）使用命令"net user"，添加一个用于此后登录的账户，如图 6-26 所示。

图 6-25　启动命令提示符

图 6-26　添加用户

(11) 使用命令"net localgroup"，将该用户添加到管理员账户组中，如图 6-27 所示。

图 6-27 将用户添加到管理员组中

(12) 重新启动计算机，在登录界面中可以查看到刚才建立的新用户登录按钮，如图 6-28 所示。

(13) 使用刚才设置的密码即可登录系统，如图 6-29 所示。

图 6-28 查看登录账户

图 6-29 输入密码登录

(14) 如果用户忘记密码，可以清除密码或者更改密码。在桌面"计算机"图标上右击，在弹出的快捷菜单中选择"管理"选项，如图 6-30 所示。

(15) 系统弹出"计算机管理"对话框，在左侧选择"本地用户和组 - 用户"选项，在中间的列表中，右击需要清除密码的用户名，在弹出的快捷菜单中选择"设置密码"选项，如图 6-31 所示。

图 6-30 选择"管理"选项

图 6-31 为用户设置密码

(16) 系统弹出警告提示，单击"继续"按钮，如图 6-32 所示。

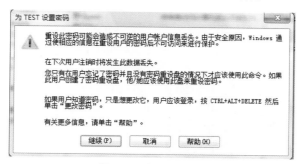

图 6-32　系统弹出提示

(17) 因为当前用户有管理员权限，所以，在弹出的设置密码对话框中无须输入原始密码，直接输入新密码即可，完成后单击"确定"按钮，如图 6-33 所示。系统弹出完成提示，如图 6-34 所示，即可完成密码设置，下次登录该账户输入该密码即可。

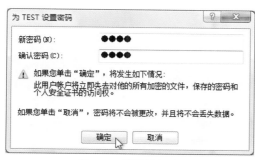 

图 6-33　设置新密码　　　　　　　　图 6-34　完成设置

在完成修改后，建议用户将"讲述人"以及"CMD"文件改回原始名称，一方面为了以后正确使用，另一方面，作为入侵，当然要抹除相应的痕迹。

2. 清除 Windows 7 密码

除了使用 PE 绕过密码，用户也可以使用工具直接破解密码，这里的破解是修改 SAM 文件的数据，将用户密码清除，但该方法仍无法获取到用户的密码。

Windows 中对用户账户的安全管理使用了安全账号管理器 SAM(Security Account Manager) 的机制，安全账号管理器对账号的管理是通过安全标识进行的，安全标识在账号创建时就同时创建，一旦账号被删除，安全标识也同时被删除。

SAM 文件是 Windows 的用户账户数据库，所有用户的登录名及口令等相关信息都会保存在这个文件中。SAM 文件可以认为类似于 unix 系统中的 passwd 文件，不过没有 unix 的 passwd 文件那么直观，忘记密码的时候，可以通过删除 SAM 文件快速进入系统。

(1) 关闭虚拟机，在菜单中选择"虚拟机 - 电源 - 打开电源时进入固件"选项，如图 6-35 所示。

(2) 在 VM 的 BIOS 中切换到 Boot 选项卡，将光标移动到 CD-ROM Drive 选项上，按"+"键，将该选项调整到首先启动的位置，如图 6-36 所示。

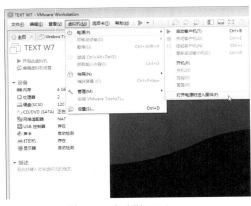

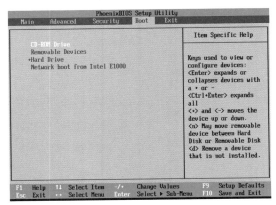

图 6-35　启动到 BIOS

图 6-36　修改启动顺序

（3）按 F10 键，保存退出 BIOS，这里选择 Yes 选项，按 Enter 键重启，如图 6-37 所示。

（4）重启后，系统自动从光驱启动，弹出光盘菜单，这里单击"Password 系统密码破解"按钮，如图 6-38 所示。

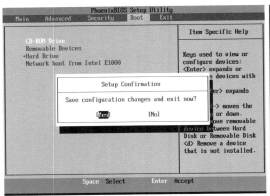

图 6-37　保存退出 BIOS

图 6-38　启动密码破解

（5）启动"Windows 系统密码清除"工具，根据系统提示选择，这里输入"1"，按 Enter 键，如图 6-39 所示，手动选择系统分区。

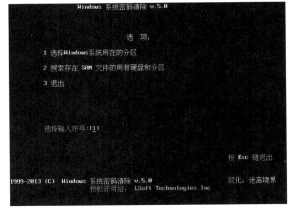

图 6-39　选择查找模式

(6)软件弹出分区表,这里根据分区大小确定系统盘位置,输入"1",按 Enter 键,如图 6-40 所示。

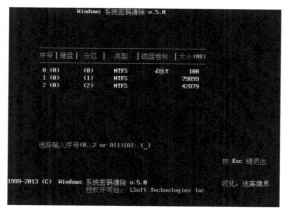

图 6-40　选择系统所在分区

(7) 软件自动查找 SAM 文件路径,稍等片刻,如图 6-41 所示。

图 6-41　自动查找文件

(8) 找到文件后给出提示,按 Enter 键,如图 6-42 所示。

(9) 选择需要进行清除密码的账户,这里选择账户"test1",输入"2",按 Enter 键,如图 6-43 所示。

图 6-42　找到 SAM 文件

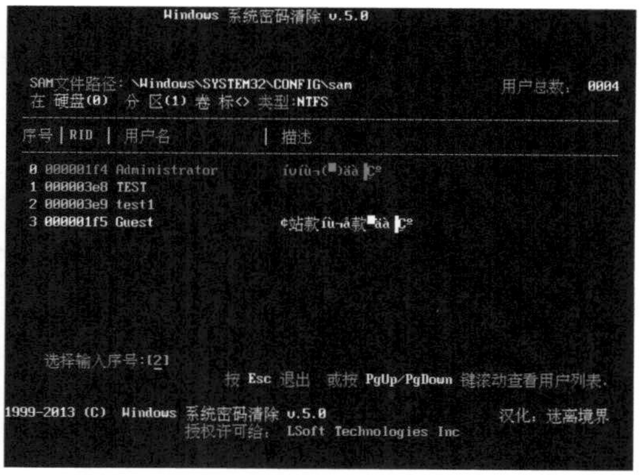

图 6-43　选择账户

(10) 系统弹出账户属性配置界面,高级用户可以实现更多操作,这里保持默认,按 Y 键进行清除密码操作,如图 6-44 所示。

(11) 软件提示属性已经修改成功，如图 6-45 所示，按任意键退出。

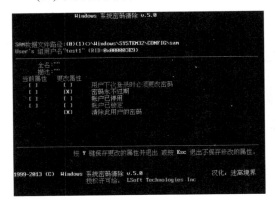

图 6-44　开始破解

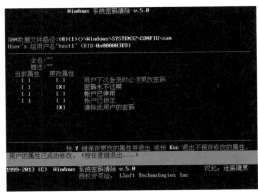

图 6-45　破解成功

(12) 软件会返回到步骤 9 界面，建议用户再次对该账户进行破解，完成后，重启虚拟机，将 BIOS 设置为硬盘首选启动项，进入系统。此时该账户不需要输入密码即可登录，如图 6-46 所示。

图 6-46　进入系统

3. 使用密码重设盘破解密码

密码重设盘就相当于系统钥匙，在创建账户后，如果用户忘记了账户密码，可以使用密码重设盘重新设置账户密码，而不需要知道原密码。

(1) 启动"开始"菜单，选择"控制面板"选项，如图 6-47 所示。

(2) 在控制面板中选择"用户账户和家庭安全"选项，如图 6-48 所示。

图 6-47　启动控制面板

图 6-48　进入功能界面

(3) 选择 "用户账户" 选项，如图 6-49 所示。

(4) 选择左侧 "创建密码重设盘" 选项，如图 6-50 所示。

图 6-49　进入账户管理界面

图 6-50　密码重设盘制作

(5) 此时如果没有插入 U 盘，系统会报错，将 U 盘接入计算机，如果虚拟机没有反应，可以单击虚拟机界面右下角的 "移动设备" 图标，如图 6-51 所示。

图 6-51　虚拟机移动设备管理

(6) 在弹出的下拉菜单中选择 "连接 (断开与主机的连接)" 选项，如图 6-52 所示。这样 U 盘就从真实机连接到了虚拟机上。如果用户需要将 U 盘连接到真实机，可以再次单击该按钮，在弹出的快捷菜单中选择 "断开连接 (连接主机)" 选项，如图 6-53 所示。

图 6-52　U 盘连接虚拟机

图 6-53　U 盘连接主机

(7) 再次单击 "创建密码重设盘" 选项，系统弹出制作向导，单击 "下一步" 按钮，如图 6-54 所示。

(8) 选择 U 盘，单击 "下一步" 按钮，如图 6-55 所示。

图 6-54　进入设置向导

图 6-55　选择 U 盘

(9) 输入当前账户密码，单击"下一步"按钮，如图 6-56 所示。如果没有密码，则不需要输入密码，直接单击"下一步"按钮。

(10) 密码重设盘制作完成，单击"下一步"按钮，如图 6-57 所示。

图 6-56 输入当前账户密码

图 6-57 系统创建密码重置盘

(11) 系统提示完成制作，单击"完成"按钮，如图 6-58 所示。

(12) 在开始菜单单击"关机"下拉按钮，在下拉菜单中选择"注销"选项，如图 6-59 所示。

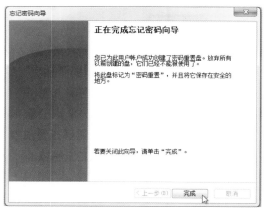

图 6-58 完成设置

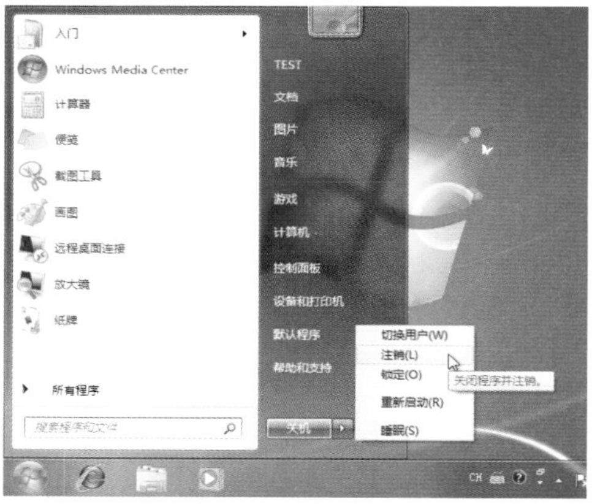

图 6-59 注销当前登录

(13) 单击用户"TEST"图标，输入错误密码，系统弹出错误提示，单击"确定"按钮，如图 6-60 所示。

(14) 返回到密码输入界面中，单击"重设密码"选项，如图 6-61 所示。

(15) 系统弹出重设向导，单击"下一步"按钮，如图 6-62 所示。

(16) 系统弹出提示，要求插入密码重置盘，插入完成后，单击"下一步"按钮，如图 6-63 所示。

(17) 验证成功后，按系统要求输入新密码，单击"下一步"按钮，如图 6-64 所示。

(18) 重置完成，单击"完成"按钮，如图 6-65 所示。接下来，用户可以输入新密码登录系统了。

图 6-60 输入密码错误

图 6-61 进入重设密码

图 6-62 进入密码重置向导

图 6-63 选择密码重设盘

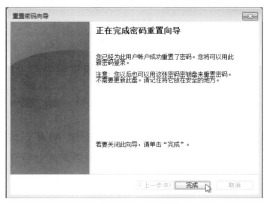

图 6-64 重设密码

图 6-65 完成重置

如果用户创建了多张密码重置盘，那么能够使用的是最后一个 U 盘。用户需要保管好 U 盘，因为任何人都可以使用该盘进入这台计算机。

6.3.3 破解常用软件密码

相对于系统来说，遇到破解常用软件如 Office、压缩软件等密码的情况会更多，只要时间允许，并且有相关软件的支持，破解也不是问题。下面将以经常遇到的软件破解密码为例，向读者介绍加密及破解过程。这里使用的密码均为 4 位纯数字，用户在实际设置密码时，一定要使用复杂密码。

1. 破解 Word 加密密码

这里使用的破解密码的软件为 AOPR(Advanced Office Password Recovery)。AOPR 可破解 2.0 版本到 2016 版本密码保护下任何 Office 文档，具体包括 Word、Excel、Access、Outlook 等文档格式。它集成了更先进的解密技术，包括暴力破解、字典攻击、单词攻击、掩码破解、组合破解、混合破解 6 种强大先进的不同解密方式，最大限度地帮助用户对文档进行解密，而且实现了更快的获取速度。为进一步提高密码恢复速度，可同时运作多个 CPU/GPU 处理器内核，部分或全部 CPU/GPU 内核可以被指派完成密码恢复任务。

(1) 启动 Word 并输入内容，完成后保存。选择"文件"选项卡，进入功能菜单，如图 6-66 所示。

(2) 单击"保护文档"下拉按钮，在下拉菜单中选择"用密码进行加密"选项，如图 6-67 所示。

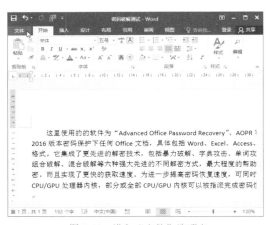

图 6-66　进入"文件"选项卡　　　　图 6-67　用密码加密文档

(3) 在弹出的"加密文档"对话框中输入加密密码，如图 6-68 所示，单击"确定"按钮后，再次输入确认密码，单击"确定"按钮，如图 6-69 所示。

(4) 关闭文档，安装并启动 Advanced Office Password Recovery，在主界面中，单击"攻击选项"按钮，如图 6-70 所示。

(5) 因为本例中设置的密码为 4 位，那么在 Attack Settings 对话框中设置密码长度最小为 4 位，最大为 4 位，如图 6-71 所示。实际使用中，可以设置为 1 ～ 8 位，设置的位数越高，破解的时间也就越长，当然成功率也就越高。

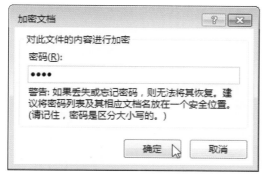

图 6-68　输入加密密码

图 6-69　再次输入加密密码

图 6-70　单击"攻击选项"按钮

图 6-71　设置要破解的密码长度

（6）单击字符设置下拉按钮，设置破解时使用的字符。为了演示方便，密码设置了纯数字，所以这里选择"0..9"选项，如图 6-72 所示。在实际使用中，一般为英文大小写 + 数字 + 符号的组合。

（7）单击"确定"按钮返回主界面，单击"打开文件"按钮，如图 6-73 所示。

图 6-72　选择破解的字符组合

图 6-73　启动打开文件

(8) 找到要破解的 Word 文档，选择并单击"打开"按钮，如图 6-74 所示。

(9) 软件启动破解程序，并在界面下方显示破解进度，如图 6-75 所示。

图 6-74　选择加密文件　　　　　　图 6-75　开始破解

(10) 破解时间与密码的长度、复杂度和设置的参数有很大关系。如果破解成功，则弹出成功提示框，并显示密码，单击 OK 按钮，完成破解。如图 6-76 所示。

图 6-76　显示加密密码

2. 破解 RAR 加密密码

RAR 文件是压缩文件，经常用于文件的压缩传递。这里使用的破解工具是 Advanced Archive Password Recovery。该软件是一个灵活的、适用于 ZIP 和 RAR 档案的高度优化的口令恢复工具，它可以恢复保护口令或将用所有流行的档案版本创建的加密 ZIP 和 RAR 档案解除锁定，支持所有版本的 ZIP/PKZip/WinZip、RAR/WinRAR 以及 ARJ/WinARJ 和 ACE/WinACE。

(1) 在需要进行压缩加密的文件上右击，在弹出的快捷菜单中选择"添加到压缩文件"选项，如图 6-77 所示。

图 6-77　进入压缩加密

(2) 在 RAR 设置界面中单击"设置密码"按钮，如图 6-78 所示。

(3) 在"输入密码"对话框中输入密码及确认密码，单击"确定"按钮，如图 6-79 所示。

图 6-78 启动密码设置

图 6-79 设置加密

(4) 返回到主界面中，单击"确定"按钮，进行压缩，如图 6-80 所示。

(5) 为了方便测试，加密时只使用了数字。启动破解软件，在主界面中只勾选"所有数字"复选框，如图 6-81 所示。

图 6-80 启动压缩

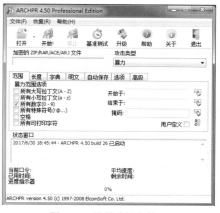

图 6-81 设置破解参数

(6) 将需要破解的文件拖入文件框，如图 6-82 所示。

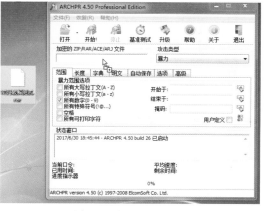

图 6-82 加入破解文件

(7) 软件开始破解密码，并在下方显示破解进度，如图 6-83 所示。

(8) 稍等片刻，软件弹出破解统计信息，并显示加密密码，如图 6-84 所示，单击"确定"按钮，完成破解过程。

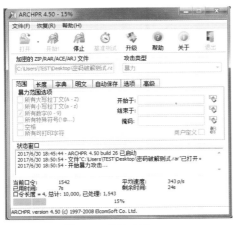

图 6-83　开始破解

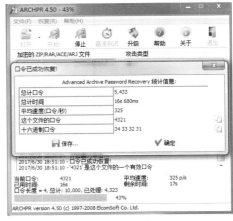

图 6-84　完成破解

3. 使用黑点密码查看器

该软件可以查看标准控件中所隐藏的密码，但有些密码并不能查看，所以不是万能的。

(1) 双击该软件进行启动，主界面如图 6-85 所示。

(2) 打开某视频网站，启动登录界面，输入账号以及密码，如图 6-86 所示。

图 6-85　启动软件

(3) 拖动软件的"放大镜"按钮到网页密码框中，如图 6-87 中，从软件中可以查看到该密码。

图 6-86　输入账号密码

图 6-87　查看黑点密码

(4) 用户也可以直接单击软件的"网页密码浏览"按钮，如图 6-88 所示。

(5) 软件弹出网页及密码信息，如图 6-89 所示。

图 6-88 启动网页密码浏览

图 6-89 网页及密码信息

4. 制作密码字典

所谓的密码字典，主要是配合密码破译软件所使用，密码字典里包括许多人们习惯性设置的密码，这样可以提高密码破译软件破译密码的成功率和命中率，缩短密码破译的时间。当然，如果一个人设置密码没有规律或很复杂，未包含在密码字典里，这个字典就没有用了，甚至会延长密码破译所需要的时间。

下面介绍使用工具生成密码字典的步骤。

(1) 启动密码字典制作工具，在其主界面中单击"生成字典"按钮，如图 6-90 所示。

(2) 选择生成密码的字符集，以及密码的长度，如图 6-91 所示。完成后，单击"生成字典"按钮。

图 6-90 启动制作工具

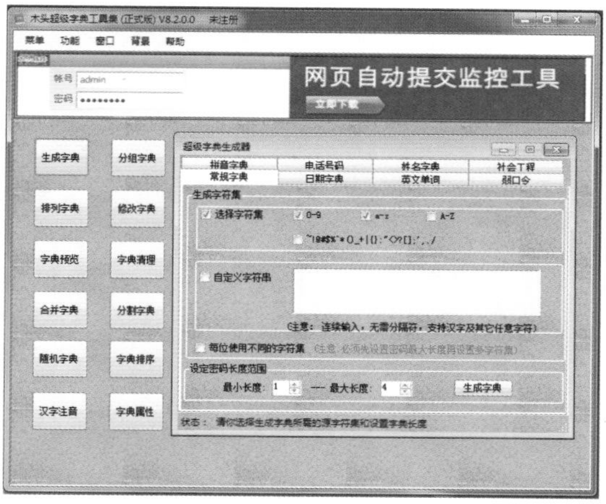

图 6-91 配置选项

(3) 选择字典文件的保存位置，单击"生成字典"按钮，如图 6-92 所示。

(4) 软件弹出制作完成提示，单击"确定"按钮，如图 6-93 所示。此后如果需要进行字典破解，则在相应的软件中使用该字典即可。

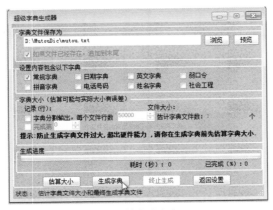

图 6-92　开始生成字典

图 6-93　完成字典制作

 # 6.4　常见加密方法

常见的加密可以使用第三方工具或者 Windows 自带的加密功能来进行。

6.4.1　使用第三方工具进行加密

为了更好地保证文件的安全性，需要对重要的文件进行加密操作，很多第三方工具提供了多种加密方式。下面以文件夹加密超级大师为例介绍文件加密工具的使用方法。

(1) 启动文件加密软件，可以看到主界面中提供了多种加密方式，单击"文件夹加密"按钮，如图 6-94 所示。

(2) 在"浏览文件夹"对话框中找到需要加密的文件夹，单击"确定"按钮，如图 6-95所示。

图 6-94　启动文件夹加密

图 6-95　选择文件夹

(3) 在加密文件夹对话框中输入加密密码，选择加密类型，完成后，单击"加密"按钮，如图 6-96 所示。

图 6-96　设置加密参数

(4) 完成后，可以在主界面中查看加密的所有信息，如图 6-97 所示。

图 6-97　查看加密文件

(5) 进入到相应目录，可以查看到文件已经加密，图标也改变了，如图 6-98 所示，双击该文件，进行解密。

图 6-98　进入文件夹

(6) 在弹出的"请输入密码"对话框中，输入加密的密码，单击"打开"按钮，如图 6-99 所示。

图 6-99　输入加密密码

(7) 完成后，可以浏览查看加密的文件，如图 6-100 所示。

图 6-100　查看加密文件

(8) 如果不需要加密，则在输入密码时，单击"解密"按钮，即可完成解密，如图 6-101 所示。此时文件夹变为正常状态，不需要密码就可以访问。

图 6-101　进行解密操作

6.4.2　使用 Windows 自带功能进行加密

Windows BitLocker 驱动器加密通过加密 Windows 操作系统卷上存储的所有数据可以更好地保护计算机中的数据。BitLocker 使用 TPM 帮助保护 Windows 操作系统和用户数据，并帮助确保计算机即使在无人参与、丢失或被盗的情况下也不会被篡改。BitLocker 还可以在没有 TPM 的情况下使用。若要在计算机上使用 BitLocker 而不使用 TPM，则必须通过使用组策略更改 BitLocker 安装向导的默认行为，或通过使用脚本配置 BitLocker。使用 BitLocker 而不使用 TPM 时，所需加密密钥存储在 USB 闪存驱动器中，必须提供该驱动器才能解锁存储在卷上的数据。

(1) 启动控制面板，单击"BitLocker 驱动器加密"选项，如图 6-102 所示。

图 6-102　启动驱动器加密

(2) 单击需要进行加密的磁盘驱动器旁边的"启用 BitLocker"选项，如图 6-103 所示。

(3) 勾选"使用密码解锁驱动器"复选框，输入密码后，单击"下一步"按钮，如图 6-104 所示。

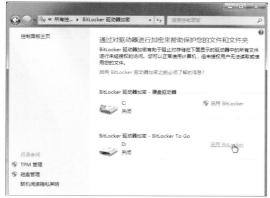

图 6-103　启动 BitLocker

图 6-104　输入密码

(4) 按提示，单击"将恢复密钥保存到文件"选项，如图 6-105 所示。

(5) 选择保存位置，单击"保存"按钮，如图 6-106 所示。

图 6-105　保存密钥

图 6-106　选择保存位置

(6) 系统提示是否将恢复密钥保存到计算机中，单击"是"按钮，如图 6-107 所示。

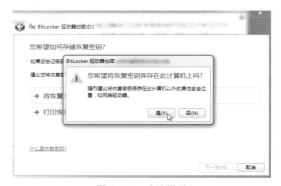

图 6-107　确认提示

(7) 保存完毕后，返回到主界面中，单击"下一步"按钮，如图 6-108 所示。

(8) 完成加密准备，单击"启动加密"按钮，启动加密，如图 6-109 所示。

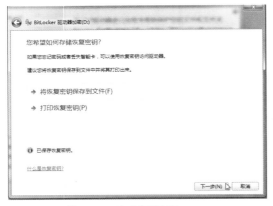

图 6-108　完成密钥配置

图 6-109　启动加密

(9) 系统开始进行加密，稍等片刻，如图 6-110 所示。

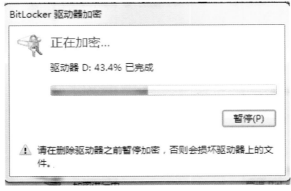

图 6-110　进行加密

(10) 加密完成后，系统弹出完成提示，如图 6-111 所示，单击"关闭"按钮。

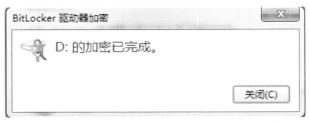

图 6-111　加密完成

(11) 返回到下一界面后，用户可以关闭 BitLocker，如图 6-112 所示。

BitLocker 驱动器加密
关闭 BitLocker
您的驱动器将被解密。这可能需要相当长的时间。您可以监视您的驱动器解密的状态。
解密驱动器
取消

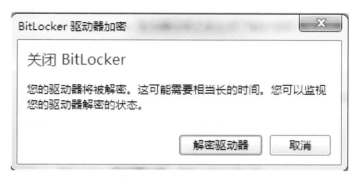

图 6-112　关闭 BitLocker

(12) 用户也可以使用管理 BitLocker 功能进行高级管理，如图 6-113 所示。

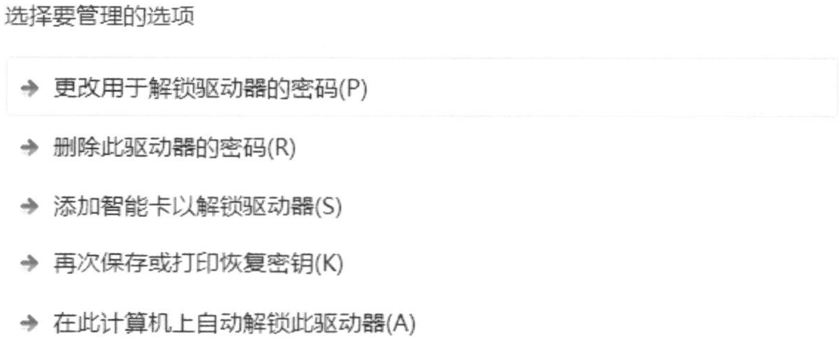
选择要管理的选项
更改用于解锁驱动器的密码(P)
删除此驱动器的密码(R)
添加智能卡以解锁驱动器(S)
再次保存或打印恢复密钥(K)
在此计算机上自动解锁此驱动器(A)

图 6-113　BitLocker 高级功能

课后作业

一、填空题

1. 非对称加密就是 _____。

2. 加密算法的日常应用主要有 _____、_____、_____ 等。

3. 安全的密码包括 _____、_____、_____、_____、_____ 等。

4. 破解操作系统用户密码可以使用 _____、_____、_____ 等。

5. 对驱动器进行加密，可以使用 _____。

二、选择题

1. 常见的加密算法，包括（　　）等。

A DES 对称算法   B 3DES 对称算法

C AES 加密算法   D DSA 数字签名算法

2. 使用 Hash 软件，可以计算出文件的（　　）值。

A MD5   B 大小

C SHA1   D CRC32

3. 常见的破解密码方法包括（　　）。

A 询问密码   B 暴力穷举

C 记录键盘   D 网络钓鱼

4. 在跳过系统设置的密码时，除了修改程序外，还需要在终端中（　　）。

A 添加用户   B 重启计算机

C 删除其他账户   D 添加到管理员组

5. 字典生成器，可以使用（　　）生成字典。

A 拼音   B 电话

C 姓名   D 日期

三、动手操作与扩展训练

1. 给 BIOS 设置一个密码，然后使用放电的方式进行密码清除。

2. 自作 PE 启动盘，并在 PE 中，使用工具来清除系统密码。

3. 制作自己的密码字典，并尝试对一些加密文件进行暴力穷举破解。

远程控制及应用

第 7 章

内容导读

　　前面介绍了局域网的一些攻击手段，以及简单的控制手段，包括使用 P2POver 和木马程序等。随着网络安全体系的增强，黑客实现远程控制也越来越难，而一部分企业和用户却需要使用远程控制技术以实现企业管理和远程操作的功能，并在进行远程控制的研发。本章将向读者介绍远程控制的实现和应用，用户可以从中了解到远程控制的方法和原理，从而理解互联网技术在正邪两个角度的联系与区别。

🔒 7.1 远程协助

远程协助是在网络上由一台计算机（主控端 Remote/ 客户端）远距离去控制另一台计算机（被控端 Host/ 服务器端）的技术。计算机中的远程控制技术，始于 DOS 时代，传统的远程控制软件一般使用 NETBEUI、NETBIOS、IPX/SPX、TCP/IP 等协议来实现远程控制，不过，随着网络技术的发展，很多远程控制软件提供通过 Web 页面或者客户端形式以 Java 技术来控制远程计算机。

7.1.1 使用 Windows 的远程桌面连接

当某台计算机开启了远程桌面连接功能后就可以在网络的另一端实时控制这台计算机了，如在上面安装软件、运行程序等。

(1) 关闭防火墙，因为某些防火墙可能将远程桌面连接功能给屏蔽掉。在需要被远程连接的计算机上创建一个新的用户，这里使用命令提示符方式创建。打开"开始"菜单，在"所有程序"中，选择"附件"选项，如图 7-1 所示。

(2) 在"命令提示符"选项上右击，在弹出的快捷菜单中选择"以管理员身份运行"选项，如图 7-2 所示。

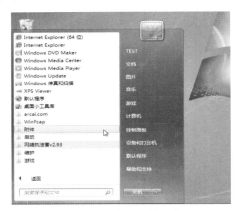

图 7-1　选择"附件"选项

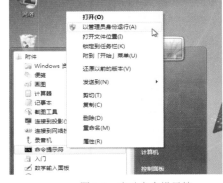

图 7-2　启动命令提示符

(3) 使用"net user"命令创建一个用于远程登录的账户及密码，如图 7-3 所示。

图 7-3　创建账户

(4) 使用"net localgroup"命令将该账户提升为管理员，以方便远程桌面连接后的需要，如图 7-4 所示。

图 7-4 将用户提升为管理员

(5) 在桌面上右击"计算机"图标，在弹出的快捷菜单中选择"属性"选项，如图 7-5 所示。

(6) 在"系统和安全 - 系统"窗口中，选择"高级系统设置"选项，如图 7-6 所示。

图 7-5 选择"属性"选项

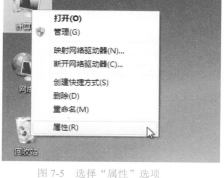

图 7-6 选择"高级系统设置"选项

(7) 弹出"系统属性"对话框，选中"仅允许运行使用网络级别身份验证的远程桌面的计算机连接（更安全）"单选按钮，再单击"选择用户"按钮，如图 7-7 所示。

(8) 在弹出的"远程桌面用户"对话框中单击"添加"按钮，如图 7-8 所示。

图 7-7 选择用户

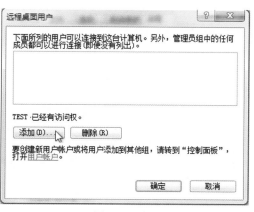

图 7-8 添加用户

(9) 在弹出的"选择用户"对话框中输入刚才建立的对象名称，单击"检查名称"按钮，如图 7-9 所示。

(10) 检查完名称后，计算机补全用户名完整格式，单击"确定"按钮，返回到上一级菜单，如图 7-10 所示。

图 7-9　检查用户

图 7-10　补全用户名称

(11) 此时"远程桌面用户"对话框中已经出现了添加的用户，单击"确定"按钮，返回上一级菜单，如图 7-11 所示。

(12) 此时完成远程桌面配置，单击"确定"按钮，如图 7-12 所示。

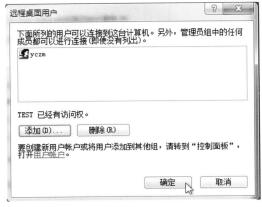

图 7-11　完成用户添加

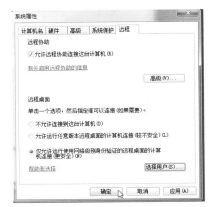

图 7-12　完成配置

(13) 在准备进行远程桌面连接的计算机上单击"开始"按钮，从"附件"中选择"远程桌面连接"选项，如图 7-13 所示。

(14) 软件打开"远程桌面连接"窗口，在主界面中单击"显示选项"按钮，如图 7-14 所示。

图 7-13　选择"远程桌面连接"选项

图 7-14　单击"显示选项"按钮

(15) 在"常规"选项卡中输入远程计算机名称或者 IP，输入登录的用户名，就是刚才建立的那个，勾选"允许我保存凭据"复选框，如图 7-15 所示。

(16) 单击"显示"选项卡，拖动滑块定义远程桌面大小，然后选择颜色深度，如图 7-16 所示。

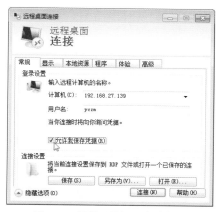
图 7-15 设置"常规"选项卡

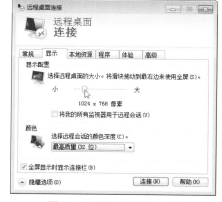
图 7-16 设置"显示"选项卡

(17) 单击"体验"选项卡，根据实际情况选择连接速度优化性能，如图 7-17 所示。

(18) 完成后，单击"连接"按钮进行连接，系统弹出"Windows 安全"对话框，输入账号对应的密码，完成后，单击"确定"按钮，如图 7-18 所示。

图 7-17 设置"体验"选项卡

图 7-18 输入连接密码

(19) 系统弹出安全提示，勾选"不再询问我是否连接到此计算机"复选框，单击"是"按钮，如图 7-19 所示。

(20) 系统提示，有用户登录该计算机，如果要继续执行远程桌面连接，当前计算机登录的用户就会断开连接。另外，如果使用的是 Windows 服务器系统，就不会影响当前用户的登录。这里单击"是"按钮，如图 7-20 所示。

图 7-19 系统安全提示

图 7-20 确定登录系统

(21) 此时客户机上会提示有用户要远程登录这台计算机，如果允许，单击"确定"按钮，进行注销，如图 7-21 所示。

(22) 如果该用户是第一次登录系统，系统会准备各种环境，如果是第二次登录则会很快，稍等片刻，远程登录该计算机成功，如图 7-22 所示。

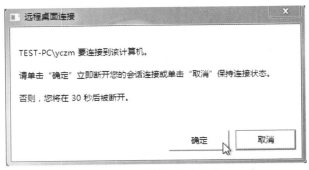

图 7-21　远程桌面连接提示　　　　　　　　　　图 7-22　远程桌面连接成功

(23) 此时客户机为登录状态，可以单击之前的账号进行登录，如图 7-23 所示，当然，远程桌面连接的用户会被强制退出。

(24) 关闭远程桌面连接只要像关闭窗口一样，单击桌面右上角叉号即可。此时系统会提示，单击"确定"按钮即可，如图 7-24 所示。

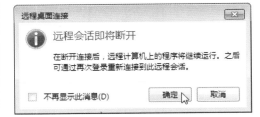

图 7-23　客户机锁定状态　　　　　　　　　　　图 7-24　会话断开提示

7.1.2 使用 QQ 的远程协助

QQ 远程协助是腾讯 QQ 推出的一项功能组件，目的是方便 QQ 用户远程协助好友处理计算机问题，功能与远程桌面连接、网络人远程控制软件、TEAMVIEWER、PCANYWHERE 等相似。

1．QQ 远程协助

使用 QQ 远程协助的双方只需要安装 QQ 并启动即可，因为 QQ 已经属于现在办公必备软件，相比较其他软件有着使用方便、操作简单的特点。QQ 远程协助不会像上面提到的软件那样强制锁定当前登录用户，这样，远程协助双方可以比较方便地就同一桌面进行研究和讨论。下面介绍详细的操作过程。

(1) 双方登录 QQ 后，可以由任何一方发起远程桌面连接，大部分情况下，是受控机首先发起。在受控机上启动聊天对话框，在菜单栏中单击"远程桌面"下拉按钮，在下拉菜单中选择"邀请对方远程协助"选项，如图 7-25 所示。

图 7-25　邀请远程协助

(2) 对方会收到远程桌面请求，单击"接受"按钮，如图 7-26 所示。

(3) 稍后，QQ 远程连接成功，如图 7-27 所示。

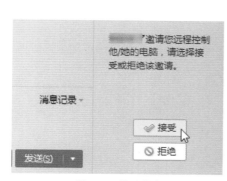

图 7-26　接受邀请

图 7-27　启动远程控制

2. QQ 远程办公

除了简单的远程控制，用户也可以通过该功能实现远程办公的功能。

(1) 在客户机上打开 QQ 会话窗口，单击"远程桌面"下拉按钮，在下拉菜单中选择"设置"选项，如图 7-28 所示。

(2) 在弹出的面板中，勾选"自动接受连接请求"复选框，如图 7-29 所示。

图 7-28　远程桌面高级设置　　　　　　　　图 7-29　允许自动连接

(3) 在弹出的对话框中单击"添加好友"按钮，如图 7-30 所示。

(4) 在好友列表中找到并选择授权的好友，完成后，单击"确定"按钮，如图 7-31 所示。

图 7-30　添加好友

图 7-31　查找并选择好友

(5) 在"密码验证"选项区，按要求输入当前 QQ 号的登录密码，并设置用来远程登录的特别的验证密码，完成后，单击"确定"按钮，如图 7-32 所示。

(6) 设置完成后，只要该 QQ 在该计算机上登录，那么用户可以单击"远程桌面"下拉菜单中的"请求控制对方电脑"选项，如图 7-33 所示。

图 7-32　设置验证信息

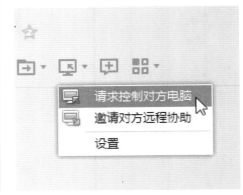

图 7-33　请求控制计算机

(7) 输入刚才设置的验证密码，单击"确定"按钮，如图 7-34 所示。

(8) 此时不需要对方确认，即可控制其计算机，如图 7-35 所示，这样就可以单独进行远程办公了。如果用户登录了其他计算机，则需要重新进行"自动接受连接请求"的设置。

如果配合了计算机自动启动 QQ，以及远程加电开机或者网络启动的功能，那么用户就可以在家中直接调取公司的各种资料，真正实现远程办公了。

图 7-34　输入验证信息

图 7-35　控制计算机

3. QQ 远程演示

除了远程控制，QQ 还提供了远程演示的功能，可以为远程用户提供文档演示、类似黑板的演示以及单纯的远程桌面查看等，不提供控制的功能。另外，还可以传输语音和图像，这为远程教学及会议提供了极大的便利。

(1) 在演示机上启动 QQ，找到需要分享的用户，启动会话窗口，在菜单栏中单击"远程演示"下拉按钮，在下拉菜单中单击"演示白板"按钮，如图 7-36 所示。

(2) 此时，对方在对话框中单击"接听"按钮，如图 7-37 所示。

图 7-36　启动演示白板

图 7-37　接收演示

(3) 会话接通后，就可以像教师在黑板上板书一样为对方进行白板演示了，如图 7-38 所示。

(4) 用户可以在步骤 1 中单击"演示文档"按钮，或者在演示白板过程中，单击"关闭白板"按钮，如图 7-39 所示。

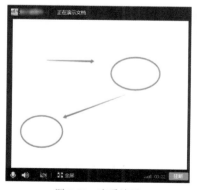

图 7-38　查看演示

图 7-39　关闭白板

(5) 在弹出的界面中单击"演示文档"按钮，如图 7-40 所示。

图 7-40　启动演示文档

(6) 选择需要进行演示的文档，单击"打开"按钮，如图 7-41 所示。

(7) 软件打开文稿并向对方展示，如图 7-42 所示。在这里，可以使用激光笔进行讲解，也可以调用白板进行板书。

图 7-41　查找文档

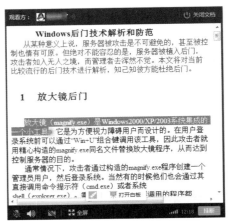

图 7-42　进行演示

(8) 用户也可以单击"分享屏幕"按钮，进行桌面的展示，如图 7-43 所示。

图 7-43　进行远程屏幕分享

7.1.3 使用 TeamViewer 进行远程协助

1. 远程协助

TeamViewer 是一个能在任何防火墙和 NAT 代理的后台用于远程控制、桌面共享和文件传输的简单且快速的远程协助软件。使用 TeamViewer 进行两台计算机的远程协助，只需要在两台计算机上同时运行 TeamViewer 即可，而不需要进行安装（也可以选择安装，安装后可以设置开机运行）。该软件第一次启动时，会在两台计算机上自动生成伙伴 ID，只需要在本机上输入对方的 ID 到 TeamViewer，然后两台计算机就会立即建立起连接。

(1) 在两台计算机上都安装 TeamViewer 软件，然后在需要被控制的计算机上，启动软件，随即打开软件主界面，如图 7-44 所示。主界面上显示有本机 ID 和密码，只要将该 ID 和密码告诉对方，对方即可通过该软件连接到本计算机上。

图 7-44　TeamViewer 主界面

(2) 如果用户需要随时登录该计算机，选择左下方"无人值守访问"选项区中的"随 Windows 一同启动 TeamViewer"选项，如图 7-45 所示。

(3) 单击"分配设备到账户"选项，软件弹出"分配至账户"对话框，输入用户的 TeamViewer 账号和密码，将该设备与账号进行绑定，以后就可以不通过随机账号密码，直接通过账号进行管理了，如图 7-46 所示。

图 7-45　设定软件自动启动

图 7-46　绑定 TeamViewer 账号

(4) 单击"授权轻松访问"选项，同样输入账号和密码，此后可以更简单方便地访问对方计算机了。

(5) 在主控机中，输入被控机的伙伴 ID，单击"连接到伙伴"按钮，如图 7-47 所示。

(6) 输入连接密码，单击"登录"按钮，如图 7-48 所示。

图 7-47　使用 ID 连接

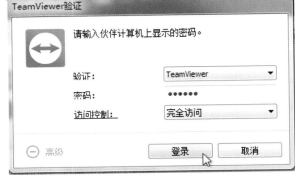

图 7-48　输入访问密码

(7) 稍等片刻，软件打开远程桌面，被控用户可以在右下角查看主控端的信息，在上方，有对应的功能菜单，如图 7-49 所示。

图 7-49　远程控制管理菜单

(8) 用户单击主页按钮，可以进入并查看该计算机信息，如图 7-50 所示。

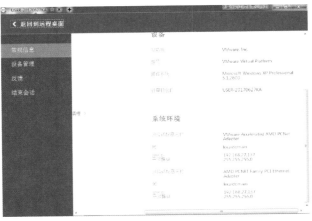

图 7-50　查看设备信息

(9) 单击"动作"下拉按钮，可以使用留言、锁定计算机、重启计算机、邀请其他用户等功能，如图 7-51 所示。

图 7-51　"动作"选项卡

(10) 在"查看"选项卡中，可以设置显示质量、缩放、全屏等，如图 7-52 所示。

图 7-52　"查看"选项卡

(11) 在"通信"选项卡中，可以使主控端与被控端进行互换、语音、视频、白板等通信，如图 7-53 所示。

图 7-53　"通信"选项卡

(12) 在"文件与其他"选项卡中，可以使用远程打印机、VPN、屏幕记录、文件传送等功能，如图 7-54 所示。

图 7-54　"文件与其他"选项卡

(13) 单击窗口顶端的"+"号，可以同时连接多台电脑。因为该软件功能十分强大，需要用户自己去摸索，这里就不再详细讲解了。

2. 远程会议

当需要进行网络会议时，QQ 等软件就显得力不从心，但是 TeamViewer 可以轻松实现。在软件主界面中，切换到"会议"选项卡，单击"演示"按钮，如图 7-55 所示。

(1) 软件将当前计算机作为展示平台，弹出邀请信息，以及音频状态和画面共享、会议 ID 等信息，如图 7-56 所示。

图 7-55　启动会议

图 7-56　会议主界面

(2) 联系人等用户可以通过通知进行邀请，或者会议者发送会议 ID 给入会用户，参会人员也要切换到"会议"选项卡，输入会议 ID 以及姓名等，完成后，单击"加入会议"按钮即可，如图 7-57 所示。

(3) 在会议过程中，主控者可以让其他用户进行控制、演示，也可以共享文件以及使用"白板"功能进行流程图绘制，如图 7-58 所示。

图 7-57　加入会议

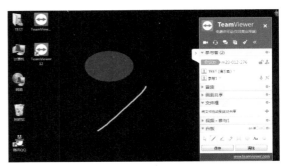

图 7-58　会议高级功能

3.Team Viewer 登录

(1) 用户可以使用账号登录，单击"添加本计算机"按钮，如图 7-59 所示。

(2) 输入本计算机的名称及个人密码，单击"结束"按钮，如图 7-60 所示。

图 7-59　添加本计算机

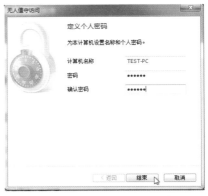

图 7-60　添加计算机信息

(3) 单击"添加远程计算机"按钮，会弹出"属性"对话框，输入连接信息后，单击"确定"按钮，如图 7-61 所示。

(4) 可以看到，"我的计算机"列表中出现了远程计算机的名字，以后只要双击该计算机图标，即可连接到该计算机，如图 7-62 所示。

图 7-61　输入远程计算机参数

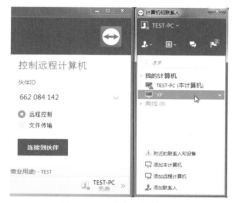

图 7-62　双击即可连接

 ## 7.2　公司计算机远程管理

现代化的大公司的内网由大规模的内网计算机与服务器等设备组成，如何监管使用这些计算机的员工则成为一个大难题。局域网管控型以及远程管理型软件就成为这些大公司的不二选择。本节将重点介绍一款强大的远程管理软件——第三只眼。

"第三只眼"专注计算机管控、局域网管控、聊天管控、邮件管控、屏幕管控数十年，专业研发内部计算机管控、防泄密软件，拥有公安部销售许可证，强大、合法、安全、稳定。

(1) 下载软件，在客户机上运行"被控端 .exe"程序，按提示完成安装，如图 7-63 所示。

(2) 在主控机上运行"管理端 .exe"程序，按照提示完成安装，保持默认设置，如图 7-64 所示。

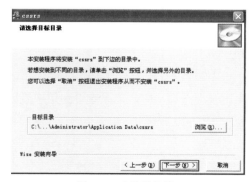

图 7-63　安装被控端

图 7-64　安装管理端

（3）在主控机上，双击启动管理端程序，可以查看到当前局域网有一台计算机处于被监控状态，并且已经上线。单击该计算机名称，可以查看到计算机的详细信息，如图 7-65 所示。

（4）该软件主要功能集中在功能选项卡中。单击"实时画面"选项卡，可以查看到被监控用户当前在做什么。在这里，可以勾选"控制"复选框来控制这台计算机，如图 7-66 所示。

图 7-65　查看用户信息

图 7-66　控制对方

（5）单击"录制视频"按钮，并选择保存位置，可录制被控端操作，如图 7-67 所示。

图 7-67　启动视频录制

（6）单击"声音"下拉按钮，可以选择播放被控端计算机的声音，如图 7-68 所示。

图 7-68　单击"声音"下拉按钮

（7）在"多画面监视"功能中，可以选择多个用户同时监控，如图 7-69 所示。

（8）正常使用被控端一段时间后，进入"屏幕记录"选项卡中，可以查看到用户最近的重要操作截图，并可以按照时间和内容进行筛选，如图 7-70 所示。

图 7-69　多画面监控

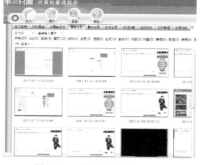

图 7-70　查看屏幕记录

(9) 在"聊天记录"选项卡中，可以查看到用户通信软件的聊天记录、截图、聊天内容和聊天对象等信息，如图 7-71 所示。

(10) 在"历史记录"选项卡中，可以根据分类查看用户的浏览网页记录、搜索记录、文件操作记录、程序运行记录、邮件记录等信息，如图 7-72 所示。

图 7-71　查看用户聊天记录

图 7-72　查看用户历史记录

(11) 在"实时负载"选项卡中，可以查看用户计算机的实时 CPU、内存、上传、下载的信息，如图 7-73 所示。

图 7-73　查看用户计算机实时负载信息

(12) 在"监控统计"选项卡中，可以根据子菜单的功能，统计用户的程序运行、行为习惯、网站停留、搜索兴趣等，如图 7-74 所示。

图 7-74　统计用户网站停留

(13) 在 "文件管理" 选项卡中，可以直接浏览用户所有硬盘的文件，并支持远程下载、重命名、删除等操作，如图 7-75 所示。

图 7-75　远程文件管理操作

(14) 在 "进程列表" 选项卡中，可以查看当前用户运行的程序、进程，并可以远程结束进程，如图 7-76 所示。

图 7-76　远程查看管理进程

(15) 在 "服务信息" 选项卡中，可以远程查看被控端运行的服务，并可以远程启动或者结束服务，如图 7-77 所示。

图 7-77　远程查看用户启动的各种服务

(16) 在"软硬件管理"选项卡中，可以查看当前被控端的软硬件及变化情况，如图7-78所示。

(17) 单击"服务信息"按钮后的下拉按钮，可以查看到更多的功能按钮。在"监控设置"对话框中，可以配置被监控的各种参数，如图7-79所示。

图 7-78　查看计算机软硬件信息　　　　　　　　图 7-79　设置监控参数

(18) 在"限制设置"对话框中，可以设置不准某些程序启动，如图7-80所示；也可以限制不准使用U盘，如图7-81所示；限制不准上传文件，如图7-82所示。

图 7-80　禁止程序运行　　　　　　　　　图 7-81　禁止使用 U 盘

图 7-82　禁止上传文件

课后作业

一、填空题

1. 一般使用的网络远程协助方式有 _____、_____、_____ 等。

2. 远程协助是指在网络上 _____ 的技术。

3. 如果使用了系统的远程协助，那么被协助的账户会被 _____。

4. 使用 QQ 的远程协助，完成连接后，还可以进行 _____、_____、_____、_____ 等操作。

5. 通过 TeamViewer 的无人值守功能，可以 _____。

二、选择题

1. 如果要在公网使用 Windows 自带的远程协助功能，还需要做 (   )。

A telnet   B 远程共享

C 端口映射   D DMZ

2. QQ 也可以实现自动远程协助，那么实现该功能需要 (   )。

A 登录 QQ   B 设置自动连接

C 设置访问密码   D 设置远程好友

3. 使用 TeamViewer 进行远程协助，需要知道对方的 (   )。

A IP   B ID

C 密码   D 姓名

4. 如果想实现远程办公，除了使用远程协助软件外，还需要 (   )。

A 远程开机   B 系统自动运行协助软件

C 花钱   D 打电话

5. 对公司计算机进行远程管理时，必须 (   )。

A 安装服务端程序   B 安装客户端程序

C 在计算机旁   D 要有邮箱

三、动手操作与扩展训练

1. 开启虚拟机，并用真实机远程协助虚拟机。

2. 使用 QQ 远程协助，为对方安装一个小程序。

3. 通过 TeamViewer 软件的无人值守功能，在远程机器上进行办公软件的使用。

网络安全设置

第8章

内容导读

在了解了计算机网络威胁、一般入侵手段、病毒木马制作以及远程控制后，用户需要根据自身网络状态、安全知识水平及计算机系统知识，在计算机及网络设备上进行一些必要的安全设置，以便增强系统的安全水平，提高计算机抵御网络威胁的风险系数。本章将就网络设备安全、漏洞的检测修复、计算机安全设置等，向读者进行介绍。

8.1 家用路由器及摄像机的安全设置

现在从外网直接入侵到局域网已经变得很难，因为路由器的存在，使网络安全性上升了一个档次。当前，路由器的安全问题逐步上升为主要安全问题，同时基于网络的网络摄像机也存在大量安全隐患。本节将着重介绍这两方面的安全问题。

8.1.1 家用路由器安全

作为家庭网络和互联网的连接枢纽，路由器往往会被人们所忽略，然而它却是抵御黑客、恶意软件和病毒攻击的第一道防线。人们理所当然地认为给路由器升级到最新的固件就可以为潜在的网络风险提供保护，然而，新的研究表明，即使路由器使用最新的固件，它仍然是十分容易被成功攻击的。

1. 路由器常见安全问题及原因分析

在用户使用路由器进行上网时，经常会出现以下问题：

(1) 桌面无缘无故地出现奇怪的广告；

(2) 用户密码被盗、微博账号被黑；

(3) 虽然 WiFi 密码定期修改，还是有不明设备能够连接到路由器的无线网；

(4) 恢复出厂设置并关掉无线功能还会出现很多问题。

造成这些情况的原因有可能是：

(1) DNS 被劫持 (Hijack)；

(2) 黑客进入局域网后进行 arp 欺骗等攻击；

(3) 路由器开了 WPS (WiFi Protected Setup) 功能，pin 码可推导；

(4) 路由器有安全漏洞或被植入了木马程序。

2. 提高路由器安全性的方法

1) 通过远程软件进行设置

一般无线路由器出厂默认登录用户名和密码均为 admin，建议对登录用户名和密码进行修改，防止非法用户修改无线路由器的配置，如图 8-1 所示。记得密码要设置得复杂一些，在可记忆范围内，尽量使用长密码。

2) 修改路由器管理端口

一般路由器默认以 8080 号端口为管理端口，正常情况下，在浏览器输入 IP，就可以登录管理界面，如图 8-2 所示。如果要修改管理端口号，则在登录路由器管理界面时需要在 IP 后添加端口号，如：http://192.168.1.1:8080。这样其他用户只有知道管理端口后才可以登录路由器管理，大大增强了路由器管理的安全性。

图 8-1　修改路由器登录密码　　　　　图 8-2　更改默认管理端口号

3) 关闭 DHCP 服务器

DHCP 服务器在路由器上运行，负责给内网计算机分配 IP 地址，路由器出厂时默认开启。如果开启了 DHCP 服务，则非法用户无须手工指定就可以轻易获取 IP，进而获得上网权限。因此关闭 DHCP 服务器可以使非法用户难以获取正确的 IP，如图 8-3 所示。

4) 修改 LAN 口 IP 为不常用网段

一般无线路由器出厂默认 LAN 口 IP 为 192.168.1.1，如果不修改 LAN 口 IP，即使关闭 DHCP 服务器，非法用户通过指定 IP 到 192.168.1.X 网段，网关设置为 192.168.1.1，则该用户还是可以获取上网资源。因此，建议修改 LAN 口 IP 为不常用的网段，如 192.168.56.X，如图 8-4 所示。

图 8-3　关闭 DHCP 服务　　　　　图 8-4　更改 LAN 网段信息

5) 隐藏无线网络 SSID

无线终端在接入时被要求首先输入 SSID 即网络名称。而隐藏 SSID 后，网络名称对其他人来说是未知的，不知道无线网络的 SSID，就不能进行无线终端连接，如图 8-5 所示。

6) 开启路由器防火墙

通过防火墙中 IP 和 MAC 过滤，只允许自己的 IP 或者 MAC 连接 Internet，可以防止

215

非法接入者共享带宽，如图 8-6 所示。

图 8-5　隐藏 SSID

图 8-6　启动访问控制

7) 启用 WEP 或 WPA(WPA2) 加密通信数据

目前无线路由器常用的加密技术有 WEP、WPA、WPA2 三种。WEP 是加密能力最弱的一种，而 WPA 或者 WPA2 因使用了更强的加密技术和经过改良的密钥管理技术，加密功能更为可靠。WPA 支持的是 TKIP 加密，而 WPA2 支持更强大的 AES 加密。实际维护和使用无线网络过程中，如果对无线网络安全要求比较高就应采取上面多个方法的结合，单一的方法都存在着"软肋"。理论上，最安全的办法就是使用 WPA2 加密再结合 MAC 过滤，这样即使泄露了 WPA2 加密密钥，也可阻止非指定 MAC 的虚假连接，如图 8-7 所示。

图 8-7　启用 WPA/WPA2 个人版加密方式

8) 开启后台访问控制

有条件的话，可开启后台访问控制，只允许可信的设备管理路由器，如图 8-8 所示。

图 8-8　后台管理访问控制

9) 开启 DHCP 分配控制

开启静态 DHCP 分配 IP，方便管理员识别用户和 IP，对其他设备进行禁用，如图 8-9 所示。

图 8-9 DHCP 分配控制

10) 关闭端口转发

在没有内部服务器或者其他情况下，关闭 DMZ 主机配置以及删除端口转发，可增强局域网设备的安全性，如图 8-10 所示。

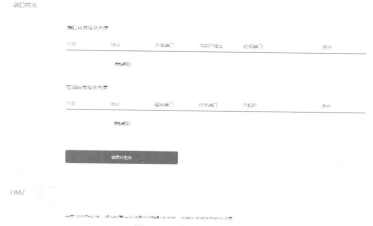

图 8-10 关闭端口转发

3. 无线终端安全防护

无线终端安全与移动终端安全紧密联系，用户在使用无线网络时，需要谨记以下安全提示。

(1) 警惕公共场所免费的无线信号，应特别注意与公共场所内已开放的 WiFi 名称类似的信号，很可能是钓鱼陷阱，所以尽量不要在公共场所进行网银操作。

(2) 修改家中无线路由器默认用户名和密码；启用 WPA/WPA2 加密方式；修改默认 ssid 号，关闭 ssid 广播；必要时可启用 MAC 地址过滤；无人使用时，关闭路由器电源。

(3) 设置锁屏密码。

(4) 不要轻易打开陌生人发送至手机的超链接和文件。

(5) 经常备份手机数据。

(6) 不要试图破解自己的手机。

(7) 当用户发现手机无信号或者信号极弱时仍然收到了推广、中奖、银行等相关短信，则用户所在区域很可能被"伪基站"覆盖，不要相信短信的任何内容。

(8) 使用手机支付服务前，按要求安装专门用于安全防范的插件。

(9) 经常查看手机任务管理器，检查是否有恶意程序运行，并定期扫描系统。

8.1.2 无线监控摄像头

无线监控摄像头是专业监控录制一体机，具有产品寿命长、体积小、应用安装简单的特点，可分为 2.4G、5G 无线摄像头和 WiFi 无线车载摄像头等。接通电源，直接连接手机或者监视器音、视频输入即可显示图像和声音。

1. 安全事件

现如今，很多人家里都装有智能摄像头，下载一个相关联的应用程序，可以随时用手机看看家里的情况。比如老人独自在家是否安全、保姆带娃是否尽责、有没有进小偷之类等。除了用户，可能此刻还有陌生人通过非法渠道获得卖家提供的 IP、登录名和密码成功进入家装摄像头。图 8-11 所示是一户人家摄像头下客厅的画面。

图 8-11　远程登录某摄像机

一般要成功进入摄像头主要是依靠扫描器，用一些弱口令密码，作大范围的扫描。弱口令就是一些 user 或者 admin。

2. 提高摄像头安全等级

基于上述严重的安全事件，用户应该如何防范此类事件呢？如何安全使用智能摄像头呢？下面介绍一些摄像头的安全基础知识。

(1) 不要使用原始预设的，或过于简单的用户名与密码，要使用"数字＋字母＋符号"的复杂组合，并且需要一定长度；另外要定期做出更换。

(2) 摄像头不要正对卧室、浴室等隐私区域，并要经常检查摄像头的角度是否发生变化。

(3) 养成定期查杀病毒的好习惯。如果计算机不安全，那么整个局域网也不会安全，更不要说网络中的摄像机了。

3. 摄像头安全设置

下面介绍如何设置摄像头才能比较安全。

1) 通过本地软件进行设置

(1) 安全了摄像头后，在计算机上启动管理软件，切换到"设备"选项卡，添加网络摄像机设备，完成后，如图 8-12 所示。

图 8-12 添加监控设备

(2) 单击工具栏中的"远程配置"按钮，启动远程配置，展开左侧的"系统 - 用户配置"选项，双击"管理员"选项，如图 8-13 所示。

图 8-13 选择管理员

(3) 在"用户参数"界面中，输入管理员密码，单击"保存"按钮，更改管理员密码，如图 8-14 所示。

图 8-14 更改管理员密码

(4) 返回到上一步，可以删除多余的管理员 1，或者再增加新的管理员，为管理员分配查看权限，但密码一定要设置为安全密码。完成后，展开"网络 - 常用"选项，在右侧，修改"设备端口号"以及"HTTP 端口号",以完成安全访问设置,如图 8-15 所示。

图 8-15　更改端口号

2) 通过远程软件进行设置

进行远程设置首先要远程登录,如果是默认密码则可以查看其他人的摄像头。

(1) 在 IE 中,输入要访问的 IP,按 Enter 键,即可弹出摄像机登录界面,输入用户名及密码后,单击"登录"按钮即可,如图 8-16 所示。

图 8-16　登录网页

(2) 此时,就可以查看摄像头画面了,如图 8-17 所示。

图 8-17　查看摄像头画面

(3) 选择"配置"选项卡,同本地配置一样,设置管理员密码,如图 8-18 所示。

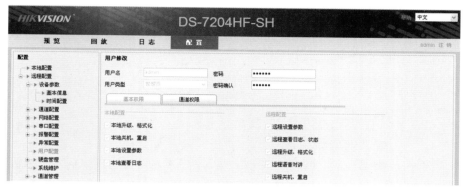

图 8-18　设置管理员密码

（4）完成配置后，保存所有内容，然后重新登录即可。

需要注意，有些摄像头是可以记录声音的，建议用户在不需要使用摄像头时，将摄像头断电，出门时再启动电源，以保护隐私。

 8.2　基础安全功能设置

这里的基础安全功能指的是最基本的安全功能，只有计算机满足了基本安全功能，才能开始讨论一些专项的安全问题，才能基本安全的连接网络。

8.2.1 安装杀毒软件及防火墙

杀毒软件及防火墙是计算机的主要防御伞，一般情况下，在安装了系统后，就需要安装杀毒软件和防火墙。

1．启动自带防火墙

操作系统本身就自带防火墙程序，但使用者出于各种原因没有启用。

（1）启动系统，进入桌面环境，单击"开始"菜单，在弹出的菜单中选择"控制面板"选项，如图 8-19 所示。

（2）在"控制面板"中，选择"系统和安全"选项，如图 8-20 所示。

图 8-19　打开"控制面板"

图 8-20　选择"系统和安全"选项

(3) 单击"Windows 防火墙"选项,如图 8-21 所示。

(4) 在打开的界面中,可以看到系统防火墙是关闭的,单击左侧"打开或关闭 Windows 防火墙"选项,如图 8-22 所示。

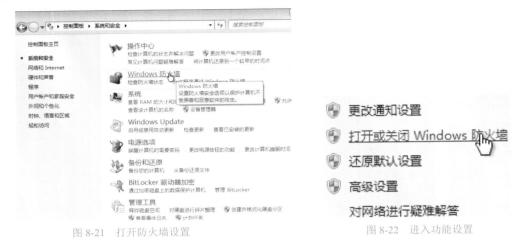

图 8-21　打开防火墙设置　　　　　　　　　　　　图 8-22　进入功能设置

(5) 选中"家庭或工作 (专用) 网络位置设置"及"公用网络位置设置"选项区的"启用 Windows 防火墙"单选按钮,单击"确定"按钮,如图 8-23 所示。

(6) 此时可以查看到已经在家庭及公用网络上启动了防火墙,如图 8-24 所示。

图 8-23　启动防火墙　　　　　　　　　　　　　　图 8-24　查看防火墙状态

2. 使用系统自带的反间谍软件

Windows Defender(曾用名 Microsoft Anti Spyware) 是一款杀毒程序,可以运行在 Windows XP 和 Windows Server 2003 操作系统上,并已内置在 Windows Vista、Windows 7、Windows 8 和 Windows 10 中。Windows Defender 不像其他同类免费产品一样只能扫描系统,它还可以对系统进行实时监控、移除已安装的 Active X 插件、清除大多数微软的程序和其他常用程序的历史记录等。在最新发布的 Windows 10 中,Windows Defender 已加入了右键扫描和离线杀毒，病毒查杀率已经有了大的提升，达到国际一流水准。

(1) 进入 Windows "控制面板" 单击 "类别" 下拉按钮，在下拉菜单中选择 "大图标" 选项，如图 8-25 所示。

(2) 在列表中，选择 Windows Defender 选项，如图 8-26 所示。

图 8-25　查看大图标

图 8-26　启动 Windows Defender

(3) 在软件主界面中，单击 "扫描" 下拉按钮，从下拉列表中选择 "完全扫描" 选项，如图 8-27 所示。

(4) 软件开始全盘扫描，如图 8-28 所示。

图 8-27　完全扫描

图 8-28　开始全盘杀毒

3. 使用第三方杀毒软件及防火墙

如果用户不使用自带的安全软件，那么可以安装第三方安全软件，保障计算机数据的安全。

(1) 安装杀毒软件，如卡巴斯基，双击安装程序开始安装，如图 8-29 所示。

(2) 启动软件，更新病毒库，如图 8-30 所示。

图 8-29　安装杀毒软件　　　　　　　　　　　　图 8-30　更新病毒库

(3) 启动全盘查杀，如图 8-31 所示。

图 8-31　启动全盘扫描进行杀毒

(4) 安装瑞星防火墙，如图 8-32 所示。

(5) 启动防火墙各功能组件，如图 8-33 所示。

图 8-32　安装防火墙软件　　　　　　　　　　　图 8-33　启动防火墙功能组件

(6) 设置防火墙规则，禁止通过 ping 命令进入，如图 8-34 所示。

(7) 开启所有网络安全组件，如图 8-35 所示。

图 8-34　设置防火墙规则

图 8-35　开启所有安全组件

4. 使用第三方组合功能套件

如使用 QQ 安全管家。

(1) 安装 QQ 安全管家，并启动，如图 8-36 所示。

图 8-36　QQ 安全管家主界面

(2) 启动全盘杀毒，如图 8-37 所示。

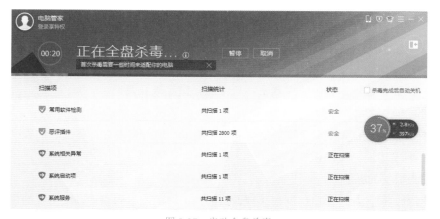

图 8-37　启动全盘杀毒

(3) 启动垃圾清理功能，如图 8-38 所示。

图 8-38　启动垃圾清理功能

(4) 启动计算机加速功能，如图 8-39 所示。

图 8-39　启动计算机加速功能

8.2.2 认识系统漏洞

系统漏洞是指应用软件或操作系统软件在逻辑设计上的缺陷或在编写时产生的错误，这些缺陷或错误可以被不法者或者黑客利用，通过植入木马、病毒等方式来攻击或控制整个计算机，从而窃取计算机中的重要资料和信息，甚至破坏系统。

1．漏洞产生原因

漏洞产生的原因：输入验证错误、访问验证错误、意外情况处理错误、边界条件错误、配置错误、环境错误、设计错误等。

2．漏洞引发的威胁

漏洞引发的威胁：管理员访问权限获取、普通用户访问权限获取、未授权的信息泄露、未授权的信息修改、拒绝服务等。

3．漏洞影响对象类型

漏洞影响对象类型：操作系统漏洞、应用程序漏洞、Web 应用漏洞、数据库漏洞、网络设备漏洞、安全产品漏洞等。

8.2.3 使用 Nessus 检测并修复漏洞

Nessus 是目前全世界最多人使用的系统漏洞扫描与分析软件。

(1) 安装 Nessus，使用浏览器打开配置页面。首次运行会要求进行设置，单击 clicking here 超链接，如图 8-40 所示。

(2) 软件提示需要进行安全连接，单击 "高级" 按钮，如图 8-41 所示。

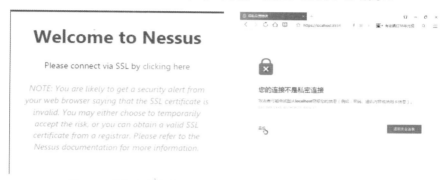

<table>
<tr><td>图 8-40　进入欢迎界面</td><td>图 8-41　启用安全连接</td></tr>
</table>

(3) 在出现的选项中，单击 "继续前往 localhost(不安全)" 超链接，如图 8-42 所示。

图 8-42　继续进行连接

(4) 软件弹出提示说明，单击 Continue 按钮，如图 8-43 所示。

(5) 按要求设置管理员账户名及密码，单击 Continue 按钮，如图 8-44 所示。

<table>
<tr><td>图 8-43　软件提示</td><td>图 8-44　设置管理员账户密码</td></tr>
</table>

(6) 按提示输入获取到的激活码，单击 Continue 按钮，如图 8-45 所示。

(7) Nessus 会自动下载软件需要的数据文件，如图 8-46 所示。

图 8-45　软件提示　　　　　　　　　　　图 8-46　输入管理员账户密码

(8) 完成后，软件弹出登录界面，输入刚才配置好的用户名及密码，单击 Sign In 按钮，如图 8-47 所示。

(9) 在管理界面中，单击 New Scan 按钮，新建一个扫描，如图 8-48 所示。

图 8-47　登录软件　　　　　　　　　　　图 8-48　新建扫描

(10) 在扫描模板中，选择第一个高级扫描，如图 8-49 所示。

(11) 在扫描配置界面中，输入扫描名称、描述，以及扫描的地址，完成后单击 Save 按钮，如图 8-50 所示。

(12) 返回到“我的扫描”中，单击“启动”按钮，开始进行扫描，如图 8-51 所示。

图 8-49　选择扫描模板　　　　　　　　　　图 8-50　设置扫描参数

图 8-51　启动扫描

(13) 软件启动扫描程序，对该网段的所有机器进行扫描。用户可以暂停或停止扫描，也可单击该选项查看详细信息，如图 8-52 所示。

图 8-52　开始扫描

(14) 可以在主机界面中查看局域网中所有主机以及扫描出的内容，单击主机选项，即可进入主机信息查看界面，如图 8-53 所示。

(15) 可以看到主机存在的漏洞及漏洞级别，单击对应选项，如图 8-54 所示。

图 8-53　查看信息统计

图 8-54　查看主机安全信息

(16) 可以查看到漏洞信息及描述，单击"参见"超链接，如图 8-55 所示。

(17) 用户可以在该界面中找到漏洞的安全公告，如图 8-56 所示。

图 8-55　查看漏洞信息

图 8-56　查看安全公告

(18) 在该界面中单击对应操作系统的解决方案，如图 8-57 所示，可以进入补丁的下载界面，如图 8-58 所示。

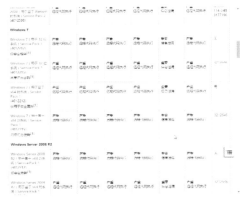

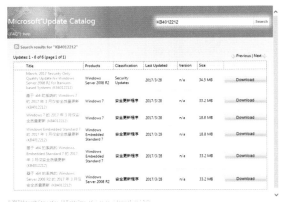

图 8-57　按系统找到补丁

图 8-58　下载补丁

8.2.4 使用 Windows Update 扫描修复漏洞

Windows Update 是 Windows 操作系统自带的自动更新的工具，一般用来为漏洞、驱动程序、软件提供升级。通过及时有效地进行各种插件、漏洞的更新，可以使计算机更流畅、更安全。

(1) 在"开始"菜单中单击"所有程序"选项，选择 Windows Update 选项，如图 8-59 所示。

(2) 在 Windows Update 窗口中，单击"启用自动更新"按钮，如图 8-60 所示。

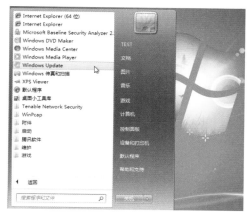
图 8-59　选择 Windows Update 选项

图 8-60　单击"启用自动更新"按钮

(3) 系统提示需要安装新的 Windows Update 软件，单击"现在安装"按钮，如图 8-61 所示。

(4)Windows 下载并安装新的 Windows Update，完成后会继续检查补丁，如图 8-62 所示。

图 8-61　安装新的 Windows Update 软件

图 8-62　检查补丁

(5) 单击左侧"更改设置"选项，在"重要更新"选项区建议用户更改设置为"检查更新，但是让我选择是否下载和安装更新"，如图 8-63 所示。

(6)Windows 检查更新完成后，会弹出系统中缺少的更新，以及数量、补丁大小，单击"重要更新"按钮，如图 8-64 所示。

图 8-63　设置更新选项　　　　　　　　　　　图 8-64　查看更新

（7）在该界面中，可以查看补丁信息以及官方说明，用户可以再次选择需要更新的内容，也可以在此了解漏洞的信息，完成后，单击"确定"按钮返回，如图 8-65 所示。

图 8-65　查看补丁信息

（8）如果没有其他情况，单击"安装更新"按钮，Windows Update 会自动下载补丁程序，如图 8-66 及图 8-67 所示。

图 8-66　下载更新补丁程序　　　　　　　　　图 8-67　安装补丁程序

(9) 这里单击"立即重新启动"按钮，进行重启操作，如图 8-68 所示。

图 8-68　重启计算机

安装过程中，可能会遇到数次重启操作，用户万不可随意强行关机或者安装其他软件，否则可能会产生不可预料的情况，如图 8-69 所示。完成后，再次检查，可以发现已经安装了所有补丁，如图 8-70 所示。

图 8-69　系统重启继续安装

图 8-70　完成补丁安装

8.2.5 使用第三方工具扫描修复漏洞

第三方工具有很多，这里使用"电脑管家"讲解扫描修复漏洞的方法。

(1) 安装"电脑管家"，完成后双击图标启动程序。在"电脑管家"主界面中，切换到"工具箱"选项卡，单击"修复漏洞"按钮，如图 8-71 所示。

(2) 软件启动漏洞扫描，弹出漏洞提示，单击"一键修复"按钮，如图 8-72 所示。

图 8-71　启动漏洞修复功能

图 8-72　查看漏洞

(3) 对软件进行逐步修复操作，如图 8-73 所示。完成后重新启动系统即可。

图 8-73　下载安装驱动程序

8.3　账户安全设置

账户安全管理针对黑客使用包括 Administrator 及 Guest 等账号进行远程登录或者破解的情况。

8.3.1　禁用 Guest 账号

有很多入侵者都是通过 Guest 账号进一步获得管理员密码或者权限的。

(1) 进入控制面板后，单击"用户账户"按钮，如图 8-74 所示。

(2) 在账户管理界面，单击"管理其他账户"链接，如图 8-75 所示。

(3) 单击 Guest 按钮，如图 8-76 所示。

(4) 单击"关闭来宾账户"超链接，如图 8-77 所示。

图 8-74　打开用户账户管理界面

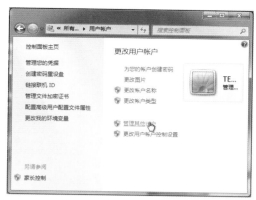

图 8-75　管理其他账户

图 8-76　选择 Guest 管理

图 8-77　关闭来宾账户

8.3.2 Administrator 账号改名并禁用

超级管理员账号也存在较多的安全隐患，建议用户将其禁用或者改名。

(1) 在桌面上按 Win+R 组合键启动"运行"对话框，输入 Lusrmgr.msc，单击"确定"按钮，如图 8-78 所示。

图 8-78　启动本地用户和组管理

(2) 打开本地用户和组窗口，单击"用户"选项，并双击 Administrator 选项，如图 8-79所示。

图 8-79　进入账户设置

(3) 弹出"Administrator 属性"对话框，在此可以设置账户或者其他账户禁用、密码过期状态、锁定或者下次登录需修改密码等。这里勾选"账户已禁用"复选框，单击"确定"按钮，如图 8-80 所示。

(4) 仍然使用"运行"命令，输入 gpedit.msc，打开"本地组策略编辑器"窗口，如图 8-81 所示。

图 8-80　禁用账户

图 8-81　启动组策略编辑器

(5) 在"本地计算机 策略"展开"计算机配置 Windows →设置→安全设置→本地策略→安全选项"选项，在右侧找到并双击打开"账户：重命名系统管理员账户"选项，如图 8-82 所示。

(6) 删除并重新输入管理员账户名称，单击"确定"按钮，如图 8-83 所示。按照同样方法，也可以更改 Guest 名称。

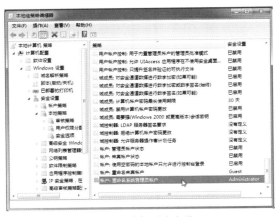

图 8-82　选择更改选项

图 8-83　输入新名称

8.3.3 设置账户锁定策略

一般情况下，黑客可以使用暴力破解的方法，通过字典试出账户密码。为了避免这种情况发生，可以设置密码输错 N 次后，锁定该账户，以增强系统安全性。

(1) 进入组策略编辑器，展开"计算机配置→Windows 设置→安全设置→账户策略→账户锁定策略"选项，在右侧，双击"账户锁定阈值"选项，如图 8-84 所示。

(2) 弹出"账户锁定阈值属性"对话框，输入无效登录次数，单击"确定"按钮，如图 8-85 所示。

图 8-84　账户锁定阈值

图 8-85　设置无效登录次数

(3) 弹出"建议的数值改动"对话框，单击"确定"按钮，如图 8-86 所示。

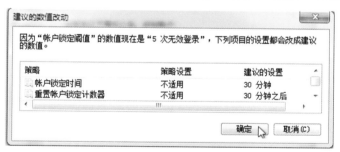

图 8-86　"建议的数值改动"对话框

8.3.4 设置用户权限

多人共用计算机时，为了保证某使用者文件不被其他用户更改，可按照如下方法设置用户权限。

(1) 启动组策略编辑器，展开"计算机配置→Windows 设置→安全设置→本地策略→用户权限分配"选项，在右侧"创建全局对象"选项上右击，在弹出的快捷菜单中选择"属性"选项，如图 8-87 所示。

(2) 弹出"创建全局对象 属性"对话框，单击"添加用户或组"按钮，如图 8-88 所示。

图 8-87　进入创建全局对象

图 8-88　添加用户或组

(3) 弹出"选择用户或组"对话框，输入需要设置权限的用户或组，单击"检查名称"按钮，如图 8-89 所示。

(4) 完成后，单击"确定"按钮，进行添加操作，如图 8-90 所示。

图 8-89　单击"检查名称"按钮

图 8-90　确定添加操作

8.4　高级安全设置

所谓的高级安全设置就是针对黑客经常采用的一些攻击手段，对一些敏感的安全问题进行手动设置，排除安全隐患。

8.4.1 关闭"文件和打印机共享"

"文件和打印共享"应该是一个非常有用的功能，但也是黑客入侵的很好的安全漏洞，所以在没有必要使用的情况下，可以将它关闭。

(1) 在桌面"网络"图标上右击，在弹出的快捷菜单中选择"属性"选项，如图 8-91 所示。

(2) 打开"网络和共享中心"窗口，选择"更改高级共享设置"选项，如图 8-92 所示。

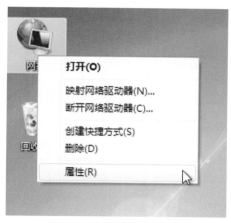

图 8-91　选择"属性"选项

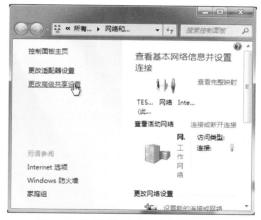

图 8-92　选择"更改高级共享设置"选项

(3) 选中"家庭或工作 (当前配置文件)"选项区中的"关闭网络发现"以及"关闭文件和打印机共享"单选按钮，单击"保存修改"按钮，如图 8-93 及图 8-94 所示。

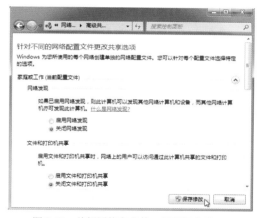

图 8-93　关闭网络和文件、打印机共享

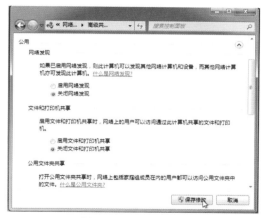

图 8-94　保存修改

8.4.2 取消不必要的启动项

Windows 在启动时会加载一些系统启动项来方便某些软件的驻留，以便快速启动，但是某些病毒、木马、流氓软件有可能也在启动项里。下面介绍如何查看并取消不必要的启动项。

(1) 启动"运行"对话框，输入命令 msconfig，单击"确定"按钮，如图 8-95 所示。

图 8-95　启动系统配置

(2) 切换到"启动"选项卡，可以查看到现在的启动项，选择不需要的启动项，进行禁用，如图 8-96 所示。

图 8-96　设置禁用启动项

8.4.3 更改用户账户控制

Windows 7 及以上系统在启动一些需要管理员权限运行的程序或功能时，会给出允许提示 (UAC 提示)，如图 8-97 所示。这种方式在提高了计算机安全性的同时却降低了用户体验。Windows 7 中 UAC 最大的改进就是在控制面板中提供了更多的控制选项，用户可以根据自己的需要选择适当的 UAC 级别。

图 8-97　"用户账户控制"提示对话框

(1) 启动"运行"对话框，输入 secpol.msc，单击"确定"按钮，如图 8-98 所示。

图 8-98　输入命令

(2) 打开"本地安全策略"窗口，展开"本地策略→安全选项"，在右侧双击"用户账户控制：管理员批准模式中管理员的提升权限提示的行为"选项，如图 8-99 所示。

(3) 单击选项下拉按钮，在下拉菜单中选择"非 Windows 二进制文件的同意提示"选项，如图 8-100 所示。该选项可以很好地将 Windows 系统性文件过滤掉而直接对应用程序使用 UAC 功能，这是 Windows 7 的亮点所在。

图 8-99　进入选项

图 8-100　修改参数

(4) 用户也可以启动"控制面板"，并单击"用户账户"按钮，如图 8-101 所示。

(5) 在"用户账户"界面中，选择"更改用户账户控制设置"选项，如图 8-102 所示。

图 8-101　进入用户账户

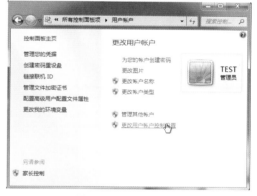

图 8-102　更改 UAC

(6) 在"用户账户控制设置"对话框中，拖动滑块进行更改，如图 8-103 所示。

图 8-103　修改通知等级

8.4.4 关闭默认共享

设置默认共享的初衷是便于网管进行远程管理，这虽然方便了局域网用户，但对个人用户来说是不安全的。因为如果计算机联网，网络上的任何人都可以通过共享硬盘随意进入计算机，所以用户有必要关闭这些共享。

(1) 启动命令提示符，使用 nat share 命令查看共享，如图 8-104 所示。

图 8-104　查看共享

(2) 用户可以在"运行"对话框中，输入"\\ 计算机名"或"IP\ 默认共享名"，或者使用 IE 或资源管理器，输入"file://IP/ 默认共享名"访问，如图 8-105 及图 8-106 所示。

图 8-105　运行共享

图 8-106　使用资源管理器打开共享

(3) 如果要关闭共享，需要以管理员权限启动命令提示符，如图 8-107 所示。

(4) 可使用"net share 共享名 /delete"的命令格式来删除共享，如图 8-108 所示。

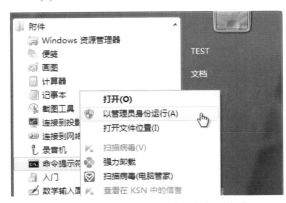

图 8-107　选择"以管理员身份运行"选项

图 8-108　删除默认共享

（5）使用相同方法删除其他所有共享，如图 8-109 所示，结果如图 8-110 所示。

图 8-109　删除其他默认共享

图 8-110　再次查看共享

8.4.5　禁止远程修改注册表

Windows 操作系统提供了远程修改注册表的功能，一旦该功能开启，黑客就可以利用该功能来远程修改计算机中的注册表信息，因此建议用户关闭远程修改注册表功能。

（1）启动"运行"对话框，输入命令 services.msc，按 Enter 键，如图 8-111 所示。

（2）系统启动服务组件，打开"服务"窗口，如图 8-112 所示。

图 8-111　启动服务组件

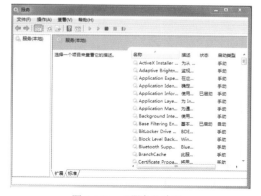

图 8-112　"服务"窗口

（3）查询并双击"服务"窗口右侧的 Remote Registry 服务项，如图 8-113 所示。

（4）在"Remote Registry 属性"对话框中，单击"启动类型"下拉按钮，在下拉菜单中选择"禁用"选项，如图 8-114 所示。

（5）单击"确定"按钮，完成设置，如图 8-115 所示。

（6）如果要启动一项服务，应当先将启动类型设置为"自动"，单击"应用"按钮，如图 8-116 所示。

图 8-113　进入服务属性设置

图 8-114　选择"禁用"

图 8-115　确定选项

图 8-116　设置自动启动

(7) 此时"启动"按钮变为激活状态，单击"启动"按钮，即可启动该服务，如图 8-117 所示。

图 8-117　启动服务

8.4.6　查看系统日志文件

系统日志文件记录了用户登录、安全等事件，对于用户来说，可以通过日志文件查看是否有黑客入侵、系统有没有发生错误、什么原因引起的错误等。

(1) 在桌面上右击"计算机"图标，在弹出的快捷菜单中选择"管理"选项，如图 8-118 所示。

(2) 打开"计算机管理"窗口，依次展开左侧"系统工具→事件查看器→ Windows 日志"选项，选择需要查看的项目，如"安全"选项，如图 8-119 所示。

图 8-118　确定选项

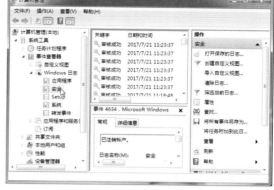

图 8-119　查看安全日志

(3) 在中间的列表中，可以查看到所有登录事件，如果图 8-120 所示。

(4) 双击某选项可以查看详细信息，如图 8-121 所示。

图 8-120　查看登录事件

图 8-121　查看事件内容

(5) 可以单击窗口右侧的"筛选当前日志"选项，进行事件的筛查，如图 8-122 所示。

图 8-122　筛查事件

(6) 根据提示设置筛查条件，完成后，单击"确定"按钮，如图 8-123 所示。

(7) 筛选结果如图 8-124 所示。

图 8-123　设置筛查条件　　　　　　　　　　　图 8-124　查看筛查结果

同理，用户可以查看系统、应用程序等日志文件。如果发现某段时间没有日志文件，排除用户没有使用计算机，那么只可能是黑客侵入，并且清空了日志文件，用户就需要马上准备对付黑客的攻击了。

8.4.7　启动屏保密码功能

用户离开计算机时，可以使用 Win+L 组合键锁定计算机，再次使用时用密码登录。如果忘记锁定计算机，那么可以使用屏保功能，恢复时必须提供密码，这样就增强系统的安全性了。

(1) 在桌面空白处右击，在弹出的快捷菜单中选择"个性化"选项，如图 8-125 所示。

(2) 在"个性化"窗口中，单击"屏幕保护程序"选项，如图 8-126 所示。

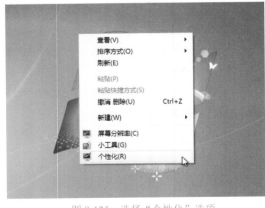

图 8-125　选择"个性化"选项

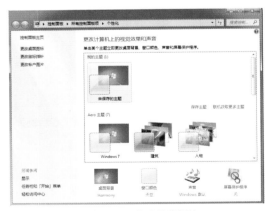

图 8-126　启动屏幕保护

(3) 在"屏幕保护程序设置"对话框中，输入屏保等待时间，勾选"在恢复时显示登录屏幕"复选框，单击"屏幕保护程序"下拉按钮，选择满意的屏幕保护样式，如图 8-127 所示，完成后，单击"确定"按钮。

(4) 稍等片刻，启动屏幕保护，如图 8-128 所示。

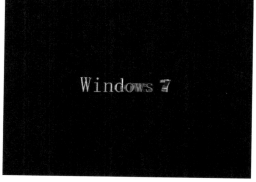

图 8-127　选择屏保样式　　　　　　　　　　　图 8-128　启动屏保

(5) 使用鼠标或者键盘退出屏保时，会弹出登录界面，用户需要输入密码才可以登录，如图 8-129 所示。

图 8-129　自动锁定计算机

 ## 8.5　网络安全建议

下面介绍一些日常接触计算机时需要做好的一些基本防范要求。

(1) 安装了防火墙及杀毒软件后，要经常升级，及时更新木马病毒库。

(2) 对计算机系统的各个账号要设置口令，及时删除或禁用过期账号。

(3) 不要打开来历不明的网页、邮箱超链接或附件，不要执行从网上下载后未经杀毒处理的软件，不要打开 QQ 等即时聊天工具上收到的不明文件等。

(4) 打开任何移动存储器前用杀毒软件进行检查。

(5) 定期备份，以便计算机遭到病毒严重破坏后能迅速修复。

(6) 设置统一、可信的浏览器初始页面。

(7) 定期清理浏览器缓存的临时文件、历史记录、Cookie、保存的密码和网页表单信息等。

(8) 利用病毒防护软件对所有下载资源进行及时的恶意代码扫描。

(9) 账户和密码不要相同，尽量由大小写字母、数字和其他字符混合组成，适当增加密码长度并经常更换，不要直接用生日、电话号码、证件号码等有关个人信息的数字作为密码。

(10) 针对不同用途的网络应用，应该设置不同的用户名和密码。

(11) 在多人公用的计算机上登录前重启机器，警惕输入账号密码时被人偷看。

课后作业

一、填空题

1. 系统产生漏洞的原因主要有 ＿＿＿＿、＿＿＿＿、＿＿＿＿、＿＿＿＿、＿＿＿＿、＿＿＿＿、＿＿＿＿ 等。

2. 提高账户安全性的措施有 ＿＿＿＿、＿＿＿＿、＿＿＿＿、＿＿＿＿。

3. 路由器上网出现 ＿＿＿＿、＿＿＿＿、＿＿＿＿、＿＿＿＿ 问题，说明路由器存在安全隐患。

4. 提高摄像头安全等级的方法有 ＿＿＿＿、＿＿＿＿、＿＿＿＿ 等。

5. ＿＿＿＿＿＿＿＿＿ 是现在大多数 Windows 操作系统都带有的一种自动更新工具，一般用来为漏洞、驱动、软件提供升级。

二、选择题

1. 路由器产生安全问题的主要原因有 (　　　)。

A DNS 劫持　　　　　　　　　　B ARP 欺骗

C pin 码推导　　　　　　　　　　D 存在安全漏洞

2. 以下哪些是提高路由器安全性的方法 (　　　)。

A 设置负载密码　　　　　　　　　B 修改远程管理端口

C 隐藏 SSID　　　　　　　　　　D 使用 WPA2 加密

3. 以下不是漏洞威胁影响对象的是 (　　　)。

A 操作系统　　　　　　　　　　　B 应用程序

C BIOS　　　　　　　　　　　　　D 数据库

4. 下面哪些操作是增强了系统安全性的操作 (　　　)。

A 更新 BIOS　　　　　　　　　　B 关闭默认共享

C 设置屏保密码　　　　　　　　　D 关闭显示器

5. 增加密码安全性的操作有 (　　　)。

A 使用长密码　　　　　　　　　　B 使用生日作为密码

C 符合复杂性要求　　　　　　　　D 定期更换密码

三、动手操作与扩展训练

1. 使用三种杀毒软件对硬盘进行全盘查杀，并比较杀毒软件杀毒效果的区别。

2. 禁用 Guest 账号，为 Administrator 账号改名并禁用，设置一个较安全的账户策略。

3. 使用几种工具扫描系统漏洞，如果有，使用工具进行漏洞的修复。

4. 查看路由器有无安全威胁，并做隐藏 SSID 的操作。

5. 如果有无线摄像头，进行安全性设置。

备份与还原

第9章

　　系统被破坏了可以使用重装系统解决，但是系统中的数据是无价的。计算机在受到重大安全事故的影响下，最主要的威胁就是针对数据的，所以用户应该经常对数据进行备份，并在需要的情况下进行还原操作。这是在系统破坏、数据损坏、中了病毒木马等情况下最有效的解决方法。本章将着重介绍系统中数据备份及还原的各种方法与具体步骤。

9.1 还原点备份与还原

还原点 (Restore Point) 表示计算机系统文件的存储状态。"系统还原"会按特定的时间间隔创建还原点，还会在检测到计算机开始变化时创建还原点。此外，还可以在任何时候手动创建还原点。

有时，安装一个程序或驱动程序会导致对计算机的异常更改或 Windows 行为异常，通常情况下，卸载程序或驱动程序可以解决此问题。如果卸载没有修复问题，则可以尝试将计算机系统还原到之前一切运行正常的点。

系统还原并不是为了备份个人文件，因此它无法恢复已删除或损坏的个人文件。用户应该使用备份程序定期备份个人文件和重要数据。

9.1.1 创建还原点

使用还原点还原功能需要开启系统保护。

(1) 在"计算机"图标上右击，在弹出的快捷菜单中选择"属性"选项，如图 9-1 所示。

(2) 在打开的"系统"窗口中，选择左侧"系统保护"选项，如图 9-2 所示。

图 9-1　选择"属性"选项　　　　图 9-2　选择"系统保护"选项

(3) 弹出"系统属性"对话框，单击"系统保护"选项卡，可以看到"系统还原"按钮是灰色的，因为没有开启对应的系统保护功能，如图 9-3 所示。

(4) 在"保护设置"选项区中选择 C 盘，单击"配置"按钮，如图 9-4 所示。

图 9-3　无法系统还原　　　　　　图 9-4　配置 C 盘系统保护

（5）在弹出的"系统保护本地磁盘"对话框中，选中"还原系统设置和以前版本的文件"单选按钮，使用滑块调节系统保护所占用的最大磁盘空间，如图9-5所示。

（6）完成后，单击"确定"按钮返回上一级，单击"创建"按钮，启动还原点创建，如图9-6所示。

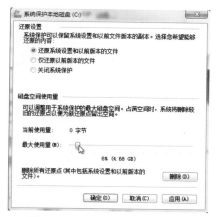
图9-5 设置"磁盘空间使用量"

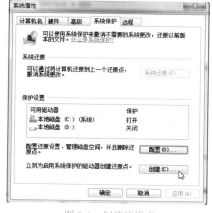
图9-6 创建还原点

（7）弹出"系统保护"对话框，为还原点设置描述以方便还原时知道该还原点的相关信息，完成后单击"创建"按钮，如图9-7所示。

图9-7 设置还原点描述

（8）稍等片刻，系统创建还原点，如图9-8所示；创建完成后，弹出完成提示，单击"关闭"按钮，关闭对话框，如图9-9所示。

图9-8 开始创建

图9-9 完成创建还原点

9.1.2 还原点还原

还原点创建完成之后，如果由于安装驱动程序或者其他情况造成系统问题，可以使用还原点进行系统还原。

(1) 在"系统属性"对话框的"系统保护"选项卡中单击"系统还原"按钮,如图 9-10 所示。

(2) 弹出"系统还原"对话框,单击"下一步"按钮,如图 9-11 所示。

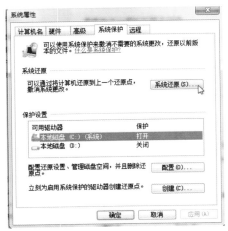

图 9-10　进行系统还原

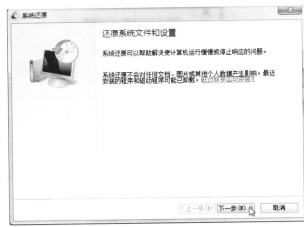

图 9-11　还原说明

(3) 选择还原点,可以从列表中看到手动创建的还原点,如果有多个还原点,可以勾选"显示更多还原点"复选框,单击"扫描受影响的程序"按钮,如图 9-12 所示。

(4) 系统会显示还原后受到影响的程序信息,单击"关闭"按钮,如图 9-13 所示。

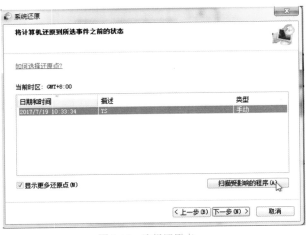

图 9-12　选择还原点

图 9-13　查看受影响程序

(5) 单击"下一步"按钮,单击"完成"按钮确认还原点,开始还原,如图 9-14 所示。

(6) 系统提示,启动系统还原不能中断,单击"是"按钮,如图 9-15 所示。

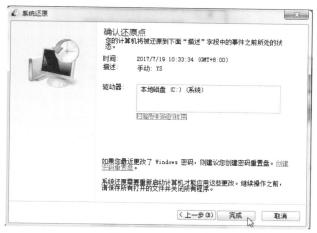

图 9-14　确认还原点

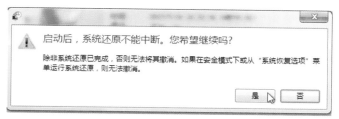

图 9-15　系统提示框

(7) 系统开始进行还原，如图 9-16 所示，然后进行重启操作。

(8) 重启完成后，系统弹出还原成功提示，如图 9-17 所示。

图 9-16　开始系统还原

图 9-17　系统还原成功

9.1.3 删除还原点

如果用户的磁盘空间不足，可以删除还原点，前提条件是，系统状态是正常的。

(1) 在"系统属性"对话框的"系统保护"选项卡中单击"配置"按钮，如图 9-18 所示。

(2) 弹出"系统保护本地磁盘"对话框，单击"删除"按钮，如图 9-19 所示。

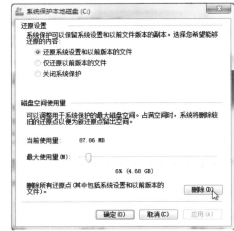

图 9-18　启动还原点配置　　　　　　　　　图 9-19　单击"删除"按钮

(3) 系统弹出提示，查看后，单击"继续"按钮，如图 9-20 所示。

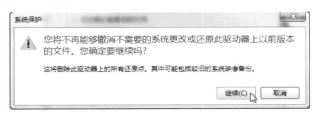

图 9-20　系统提示

(4) 稍等片刻，系统弹出删除成功提示，如图 9-21 所示，单击"关闭"按钮。

图 9-21　删除成功提示框

(5) 如果不需要系统保护功能，可以在"系统保护本地磁盘"对话框中选中"关闭系统保护"单选按钮，如图 9-22 所示，返回后可以看到 C 盘多出了很多空间。

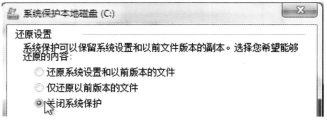

图 9-22　关闭系统保护

9.2 驱动程序备份与还原

驱动程序是一种可以使计算机和设备通信的特殊程序，相当于硬件的接口，操作系统只有通过这个接口，才能控制硬件设备工作。假如某设备的驱动程序未能正确安装，该设备便不能正常工作。黑客的攻击往往会牵扯到驱动程序，为了系统的稳定性，建议用户定期进行驱动程序备份与还原。驱动的备份与还原建议使用专业的第三方软件，这里使用的是驱动精灵。

9.2.1 驱动程序安装

使用驱动精灵安装驱动程序十分方便。

(1) 下载、安装并启动"驱动精灵"后，在其主界面中单击"立即检测"按钮，进行计算机硬件的检测，以判断系统中安装了哪些硬件，如图 9-23 所示。

图 9-23 检测硬件驱动

(2) 稍等片刻，系统列出检测到的计算机的硬件信息，在"驱动管理"选项卡中显示可以升级的硬件驱动或者没有安装的驱动，如图 9-24 所示。单击"升级"按钮，进行驱动升级。

图 9-24 升级驱动

(3) 稍等片刻，驱动安装完成，并提示重启计算机；重启过后，重新进入"驱动管理"可以查看已经安装的驱动程序。

9.2.2 备份驱动程序

安装完驱动程序后，开始进行驱动程序的备份工作。

(1) 进入"驱动管理"选项卡，在已安装驱动程序右侧单击"已安装"后的下拉按钮，选择"备份"选项，如图 9-25 所示。在这里还可以进行驱动的卸载工作。

图 9-25　备份驱动程序

(2) 系统弹出"驱动备份还原"对话框，选择需要备份的驱动程序，单击"一键备份"按钮，如图 9-26 所示。

图 9-26　单击"一键备份"按钮

(3) 稍等片刻，完成备份，如图 9-27 所示。

图 9-27　完成驱动程序备份

9.2.3 还原驱动程序

如果驱动程序出现了问题，可以随时进行驱动程序还原。

(1) 切换到"驱动管理"选项卡，单击"已安装"后的下拉按钮，选择"还原"选项，如图 9-28 所示。

图 9-28　启动还原驱动程序功能

(2) 选择需要进行还原的驱动程序，单击"一键还原"按钮，如图 9-29 所示。

图 9-29　还原驱动程序

(3) 稍等片刻，完成所选驱动程序的还原工作，单击"立即重启"按钮，完成还原操作，如图 9-30 所示。

图 9-30　重启计算机

除了进行驱动程序备份、还原，"驱动精灵"还提供硬件检测及漏洞修复功能，如图 9-31 及图 9-32 所示。

图 9-31　硬件检测

图 9-32　修复漏洞

9.3 注册表的备份与还原

注册表是整个系统的数据库，其重要性不言而喻。若是注册表文件损坏将导致程序无法正常运行，因此用户应当及时备份注册表，这样在系统出现故障时也能够及时恢复。

9.3.1 备份注册表

首先介绍如何备份注册表。

(1) 按 Win+R 组合键启动"运行"对话框，输入 regedit，单击"确定"按钮，如图 9-33 所示。

(2) 系统弹出"用户账户控制"安全提示对话框，单击"是"按钮，如图 9-34 所示。

图 9-33　启动注册表　　　　　　　　　　　图 9-34　"用户账户控制"对话框

(3) 弹出"注册表编辑器"对话框，单击"文件"菜单，选择"导出"选项，如图 9-35 所示。

(4) 选择保存位置，为导出的注册表文件命名，单击"保存"按钮，如图 9-36 所示。稍等片刻，注册表完成导出操作。

图 9-35　导出注册表　　　　　　　　　　　图 9-36　保存注册表文件

9.3.2 还原注册表

当注册表出现问题后，可以使用备份好的注册表文件进行还原操作。

(1) 启动注册表编辑器，单击菜单栏中的"文件"菜单，选择"导入"选项，如图 9-37 所示。

(2) 找到保存的注册表备份文件，单击"打开"按钮，如图 9-38 所示。

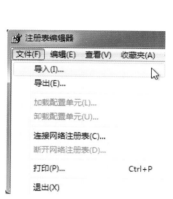

图 9-37 导入注册表

图 9-38 选择注册表文件

(3) 稍等片刻，如图 9-39 所示，完成注册表导入。建议用户进入安全模式进行注册表备份还原，因为非安全模式下如果注册表正在使用，可能造成一些项无法导入的情况。

图 9-39 导入注册表

 # 9.4 收藏夹的备份与导入

收藏夹是系统收藏网页的地方，用户可以对收藏的网页使用备份与还原的功能。

9.4.1 备份收藏夹

首先介绍如何备份收藏夹。

(1) 打开 IE，选择菜单栏中的"文件"选项，在打开的菜单中选择"导入和导出"选项，如图 9-40 所示。

(2) 弹出"导入 / 导出设置"对话框，选中"导出到文件"单选按钮，单击"下一步"按钮，如图 9-41 所示。

图 9-40　选择"导入和导出"选项

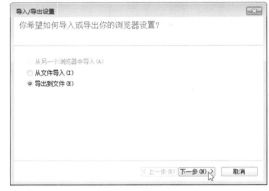

图 9-41　选中"导出到文件"单选按钮

(3) 勾选导出内容前的复选框，单击"下一步"按钮，如图 9-42 所示。

(4) 选择需要导出的文件夹，单击"下一步"按钮，如图 9-43 所示。

图 9-42　选择导出内容　　　　　　　　　　　图 9-43　选择导出收藏夹

(5) 在保存位置中，单击"浏览"按钮，如图 9-44 所示。

图 9-44　路径选择

(6) 选择备份文件的保存位置后，为备份文件起好文件名，单击"保存"按钮，如图 9-45 所示。

(7) 返回上一级，单击"下一步"按钮，如图 9-46 所示。

图 9-45 选择保存位置

图 9-46 完成设置

(8) 按照同样方法，完成"源"及 Cookie 文件的备份路径。完成后，单击"导出"按钮，如图 9-47 所示。

(9) 系统完成备份，单击"完成"按钮，如图 9-48 所示。

图 9-47 选择 Cookie 保存位置

图 9-48 开始导出文件

(10) 可以打开保存的文件，查看都备份了哪些网页，如图 9-49 所示。

图 9-49 查看备份的网页

9.4.2 还原收藏夹

还原收藏夹的步骤同备份收藏夹的步骤类似。

(1) 启动 IE，单击菜单栏中的"文件"选项，在打开的菜单中选择"导入和导出"选项，如图 9-50 所示。

(2) 弹出"导入/导出设置"对话框，选中"从文件导入"单选按钮，单击"下一步"按钮，如图 9-51 所示。

图 9-50　选择"导入和导出"选项　　　　图 9-51　选中"从文件导入"单选按钮

(3) 选择导入内容，单击"下一步"按钮，如图 9-52 所示。

(4) 在文件位置对话框中，单击"浏览"按钮，如图 9-53 所示。

图 9-52　选择导入内容　　　　　　　　图 9-53　导入文件位置选择

(5) 找到刚才备份的文件，单击"打开"按钮，如图 9-54 所示。

(6) 返回到上一级，单击"下一步"按钮，如图 9-55 所示。

图 9-54　选择备份文件　　　　　　　　图 9-55　确认位置

(7) 选择导入的文件夹，完成后，单击"下一步"按钮，如图 9-56 所示。

(8) 按同样方法，选择"源"和 Cookie 备份位置；完成后，单击"完成"按钮，如图 9-57 所示。

图 9-56　选择导入文件夹

图 9-57　完成导入设置

稍等片刻，完成收藏夹的导入，用户可以进入浏览器查看收藏的网站。

 9.5 使用 GHOST 程序备份还原

GHOST 是备份与还原操作系统最方便、安全的程序。下面介绍具体的使用方法。

9.5.1 认识 GHOST

GHOST 系统，如图 9-58 所示，是指通过赛门铁克公司 (Symantec Corporation) 出品的 GHOST 在装好的操作系统中进行镜像克隆的技术。通常 GHOST 用于操作系统的备份，在操作系统不能正常启动的时候用来进行恢复的。

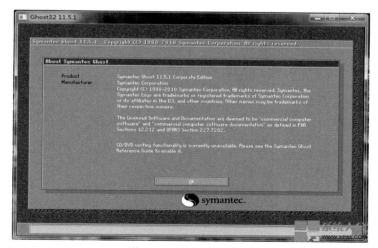

图 9-58　GHOST 启动界面

因为 GHOST 系统安装方便且节约时间，故广泛应用于复制操作系统 GHOST 文件到其他计算机上进行操作系统安装 (实际上就是将镜像还原)，深受装机用户的喜爱，但这种安装方式可能会造成系统不稳定。

9.5.2 使用 GHOST 备份系统

(1) 将 U 盘插入计算机，启动 U 盘，选择 PE 模式，如图 9-59 所示。

(2) 系统读取数据文件，启动 PE 模式，进入 PE 主界面，如图 9-60 所示。

图 9-59　选择 PE 模式

图 9-60　进入 PE 界面

(3) 在桌面上找到 GHOST 文件，或者从"开始"菜单或硬盘上启动 GHOST，在 GHOST 主界面上单击 OK 按钮，如图 9-61 所示。

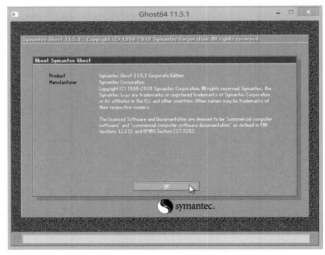

图 9-61　进入 GHOST 界面

(4) GHOST 主菜单栏有如下菜单项。

① Local。本地操作，对本地硬盘进行操作。

② Peer to Peer。通过点对点的模式对网络计算机上的硬盘进行操作。当计算机没有安装网络驱动程序时，这一项与下一项 Ghost Cast 为不可选状态。

③ Ghost Cast。通过单播、多播或者广播方式对网络计算机上的硬盘进行操作。这个功能在局域网大规模部署安装系统时比较常用。

④ Options。选项设置，一般采用默认即可。

⑤ Help。帮助。

⑥ Quit。退出。

这里因为是对本地硬盘进行备份，单击 Local 选项，进入下一级菜单，如图 9-62 所示。

图 9-62　GHOST 一级菜单

(5) 随后出现二级菜单，有如下选项。

① Disk。对整个硬盘进行备份和还原，一般早期的网吧或者采用同一品牌的计算机进行硬盘对刻时使用。

② Partition。对分区进行备份和还原操作，一般会使用该选项。

③ Check。检查磁盘或备份档案。因为不同的分区格式、硬盘磁道损坏等会造成备份与还原的失败。

这里选择 Partition 选项，如图 9-63 所示。

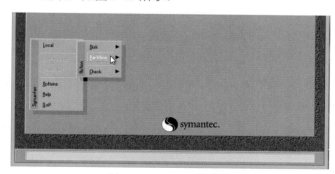

图 9-63　GHOST 二级菜单

(6) 随后弹出三级菜单，其包含菜单项含义如下。

① To Partition。将原分区备份到目标分区，目标分区应比原分区大或者一样大。

② To Image。将源分区备份成镜像文件，文件扩展名是 .gho。目标分区必须足够大。

③ From Image。从镜像文件还原到目标分区。目标分区必须足够大。

这里选择 To Image 选项，如图 9-64 所示。

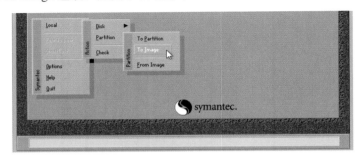

图 9-64　备份成 GHOST 文件

(7) 选择需要进行备份的分区所在的盘符。这里选择 1 号分区，单击 OK 按钮，如图 9-65 所示。

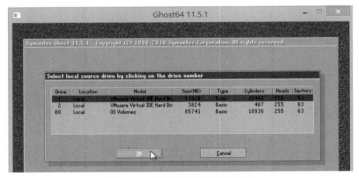

图 9-65　选择备份分区所在硬盘

(8) 选择需要备份的分区，一般来说，备份的是系统所在的盘，通常盘符为"C:"。单击 OK 按钮，如图 9-66 所示。

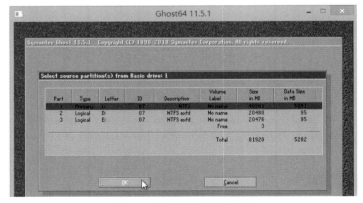

图 9-66　选择需要备份的分区

(9) 在弹出的保存位置处，单击下拉按钮，选择保存到的分区，这里选择 E 盘，如图 9-67 所示。

图 9-67　选择保存的位置

(10) 为保存的文件起好名称，单击 Save 按钮，如图 9-68 所示。

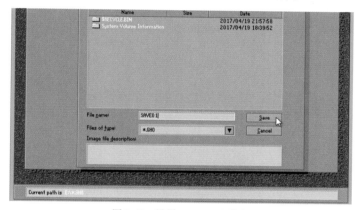

图 9-68　设置 GHOST 文件名

(11) 文件提示采用以下几种压缩方式。

① No。不压缩，速度最快，但文件体积最大。

② Fast。低压缩，较快速，文件体积稍小。

③ High。高压缩，速度最慢，但文件体积最小。

一般根据硬盘空间的大小选择压缩方式。因为 GHSOT 备份不是太常做，但磁盘空间的大小往往比较重要，所以这里单击 High 按钮，如图 9-69 所示。

图 9-69　选择压缩方式

(12) GHOST 提示马上进行备份，单击 Yes 按钮，如图 9-70 所示。

(13) 开始进行备份，可以看到进度条显示的进度，如图 9-71 所示。

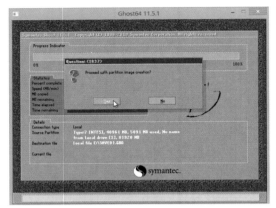
图 9-70　提示马上开始

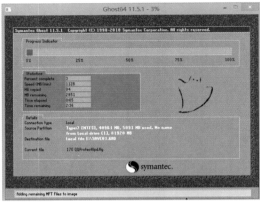
图 9-71　进行备份

(14) 备份完成后，软件弹出提示，单击 Continue 按钮，如图 9-72 所示，完成备份操作。

图 9-72　完成备份

(15) 软件返回主菜单，单击 Quit 按钮退出 GHOST 程序。可以进入 E 盘查看刚刚备份的 GHOST 文件，如图 9-73 所示。

图 9-73　查看备份文件

9.5.3　使用 GHOST 还原系统

GHOST 系统还原的步骤与备份方式类似，下面介绍具体步骤。

(1) 进入 PE 环境，打开 GHOST 程序，如图 9-74 所示，单击 OK 按钮。

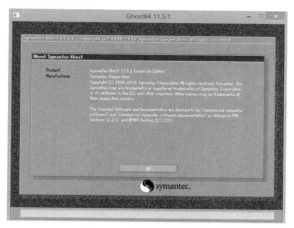

图 9-74 启动 GHOST 程序

(2) 在主菜单中，依次单击 Local → Partition → From Image 选项，如图 9-75 所示。

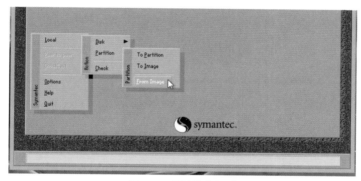

图 9-75 通过镜像还原

(3) 本例中，GHOST 备份文件在光盘上，将光盘插入光驱。在 GHOST 弹出的界面中，单击 Look in 下拉按钮，选择 E 盘即光驱所在盘符，如图 9-76 所示。

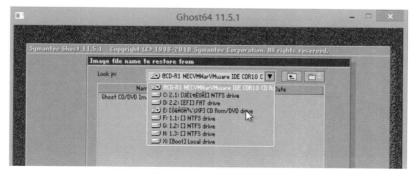

图 9-76 选取光驱盘符

(4) 选择光盘中的镜像文件，如图 9-77 所示。

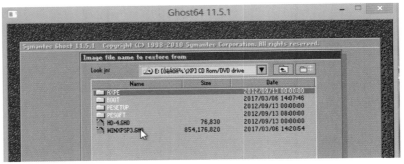

图 9-77　选择镜像文件

(5) 从镜像文件中选择需要进行还原的分区，这里只有一项，单击 OK 按钮，如图 9-78 所示。

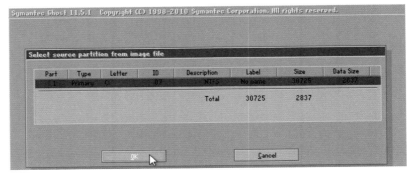

图 9-78　选择镜像中的分区

(6) 选择目标磁盘，就是 GHOST 系统需要还原到的磁盘。如果不知道，可以通过查看硬盘大小以确定磁盘，这里选择第一行，单击 OK 按钮，如图 9-79 所示。

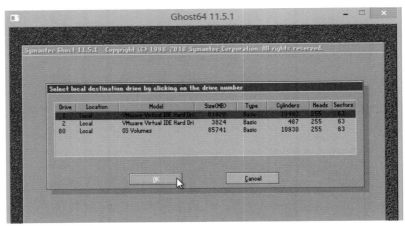

图 9-79　选择目标硬盘

(7) 选择需要还原的分区，这里可以打开"电脑"查看盘符，或者根据分区容量进行选择。这里选择"1"号分区，单击 OK 按钮，如图 9-80 所示。

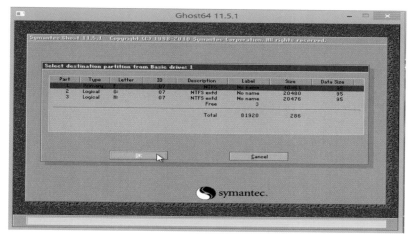

图 9-80 选择目标分区

(8) 软件提示进行写入操作，并且将目标分区的所有文件进行覆盖，单击 Yes 按钮，如图 9-81 所示。

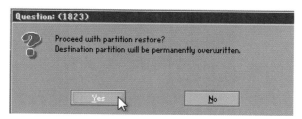

图 9-81 确定选项

(9) 通过 GHOST 进行文件的写入操作，如图 9-82 所示。

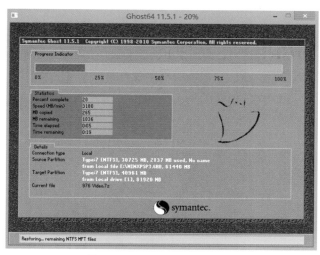

图 9-82 GHOST 执行写入操作

(10) 完成后，软件提示 GHOST 操作成功，单击 Reset Computer 按钮，重启计算机，如图 9-83 所示。

图 9-83　完成还原

9.6　使用 Windows 备份还原

除了以上的备份还原功能外，Windows 7 还提供了更为人性化和方便的备份以及还原方式。

9.6.1　使用 Windows 7 备份功能

Windows 7 的备份功能使用起来十分方便，下面介绍具体步骤。

(1) 单击"开始"按钮，在打开的菜单中选择"控制面板"选项，如图 9-84 所示。

(2) 在"控制面板"窗口中单击"查看方式"下拉按钮，在下拉菜单中选择"大图标"选项，如图 9-85 所示。

图 9-84　进入控制面板　　　　　　　　　　图 9-85　选择大图标

(3) 单击"备份和还原"按钮，如图 9-86 所示。

(4) 在"备份和还原"界面中单击"设置备份"按钮，如图 9-87 所示。

图 9-86　进入备份还原

图 9-87　进入备份向导

(5) 系统启动备份功能，稍等片刻，如图 9-88 所示。

(6) 系统弹出"设置备份"对话框，选择备份的保存位置，单击"下一步"按钮，如图 9-89 所示。

(7) 选择要备份的内容，选中"让我选择"单选按钮，单击"下一步"按钮，如图 9-90 所示。

图 9-89　选择保存位置

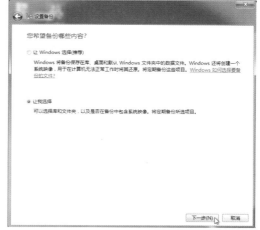

图 9-90　让我选择备份

(8) 在列表中选择要备份的内容，完成后，单击"下一步"按钮，如图 9-91 所示。

(9) 查看备份设置，单击"更改计划"选项，如图 9-92 所示。

(10) 选择自动备份的时间，完成后，单击"确定"按钮，如图 9-93 所示。

(11) 返回到上一级菜单，单击"保存设置并运行备份"按钮，如图 9-94 所示。

图 9-91　选择备份内容

图 9-92　更改备份计划

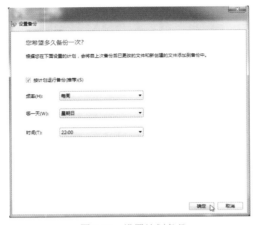

图 9-93　设置计划备份

图 9-94　运行备份

(12) 系统开始进行备份操作，稍等片刻，如图 9-95 所示。可以单击"查看详细信息"按钮查看备份。

(13) 完成备份后，界面按钮变为激活状态，备份空间使用情况、时间信息等都显示在窗口中，如图 9-96 所示。

图 9-95　查看备份进度

图 9-96　完成备份

9.6.2 使用 Windows 7 还原功能

备份完毕后，遇到文件、数据等不慎丢失或损坏的情况，可以使用文件还原功能进行恢复，下面介绍具体的步骤。

(1) 进入控制面板，启动"备份还原"功能，在"备份和还原"窗口中单击"还原我的文件"按钮，如图 9-97 所示。

(2) 在弹出的"还原文件"对话框中单击"浏览文件"按钮，如图 9-98 所示。

图 9-97　进入备份还原

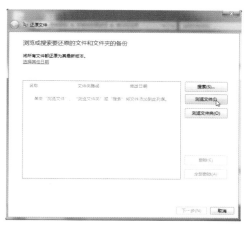

图 9-98　浏览文件

(3) 在弹出"浏览文件的备份"对话框中，找到需要还原的文件，单击"添加文件"按钮，如图 9-99 所示。

(4) 全部选择完毕后，返回到"还原文件"对话框中，单击"下一步"按钮，如图 9-100 所示。

图 9-99　添加还原内容

图 9-100　添加完毕

(5) 系统询问在何处还原，除了在原始位置外，系统还允许在用户指定的位置进行还原。选中"在以下位置"单选按钮，单击"浏览"按钮，如图 9-101 所示。

(6) 选择保存位置，单击"确定"按钮，如图 9-102 所示。

图 9-101　浏览文件夹

图 9-102　选择文件夹

(7) 返回到上级，勾选"将文件还原到他们的原始子文件夹"复选框，单击"还原"按钮，如图 9-103 所示。

(8) 系统完成还原，单击"查看还原的文件"链接，如图 9-104 所示。

图 9-103　开始还原

图 9-104　还原文件

(9) 用户可以查看到已还原的文件。用户也可以双击备份文件，如图 9-105 所示，系统会弹出提示，可以直接启动还原功能，如图 9-106 所示。

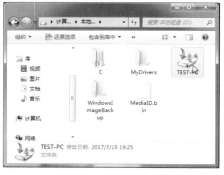

图 9-105　双击备份文件

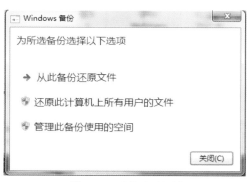

图 9-106　直接启动还原

9.6.3 管理备份

设置了备份后，用户可以对已经备份的内容和设置进行管理和修改。下面将介绍具体的步骤。

(1) 在"备份和还原"窗口中，单击"管理空间"链接，如图 9-107 所示。

(2) 在弹出的"管理 Windows 备份磁盘空间"对话框中，可以查看到空间使用情况，如图 9-108 所示。

图 9-107　管理空间

图 9-108　查看磁盘空间使用情况

(3) 单击"查看备份"按钮，可以显示备份空间信息。如果要清理备份，可以选择备份文件，单击"删除"按钮，如图 9-109 所示。

(4) 在主界面中单击"更改设置"按钮，可以选择映像的保存方式，选中"仅保留最新的系统映像并最小化备份所用的空间"单选按钮，单击"确定"按钮，如图 9-110 所示。

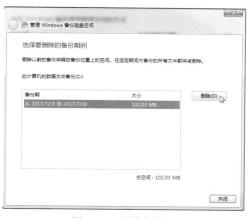

图 9-109　删除备份

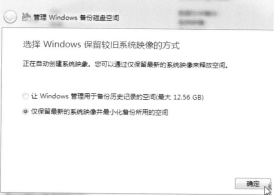

图 9-110　更改保存方式

课后作业

一、填空题

1. _____ 会按特定的时间间隔创建还原点，还会在检测到计算机开始变化时创建还原点。

2. 一种可以使计算机和硬件设备通信的特殊程序是 _____。

3. _____ 是整个系统的数据库，其重要性不言而喻。

4. _____ 安全的系统以其方便和节约时间而被广泛应用在装机中。

5. 通过 _____ 对已经备份的内容和设置进行管理和修改。

二、选择题

1. 以下不是针对还原点的操作有（　　　）。

A 备份还原点　　　　　　　B 还原还原点

C 增量备份　　　　　　　　D 删除还原点

2. 驱动精灵可以实现的功能包括（　　　）。

A 检测硬件　　　　　　　　B 安装驱动

C 扫描漏洞　　　　　　　　D 备份驱动

3. IE 可以导入导出，包括（　　　）。

A 注册表文件　　　　　　　B 收藏夹

C 源　　　　　　　　　　　D Cookie

4. GHOST 程序可以实现的功能有（　　　）。

A 硬盘对刻　　　　　　　　B 网络 GHOST

C 备份分区　　　　　　　　D 分区还原

5. Windows 7 备份功能，可以备份（　　　）。

A 用户数据　　　　　　　　B 库

C 指定文件夹　　　　　　　D 系统盘映像

三、动手操作与扩展训练

1. 为系统开启还原点备份功能，创建备份，并尝试还原。

2. 使用驱动精灵检测系统硬件驱动，并进行升级及备份驱动操作。

3. 完成注册表及收藏夹的备份，并尝试进行还原操作。

4. 使用 GHOST 为系统所在分区进行备份操作。

5. 使用 Windows 7 备份还原功能创建一个系统映像。

参 考 文 献

[1] 杜思深 . 综合布线 [M].2 版 . 北京 : 清华大学出版社，2009.

[2] 王磊 . 网络综合布线实训教程 [M].3 版 . 北京 : 中国铁道出版社，2012.

[3] 方水平，王怀群，王臻 . 综合布线实训教程 [M].2 版 . 北京 : 机械工业出版社，2012.

[4] 黎连业 . 网络综合布线系统与施工技术 [M].4 版 . 北京 : 机械工业出版社，2011.

[5] 本书编写组 . 数据中心综合布线系统工程应用技术 [M]. 北京 : 电子工业出版社，2016.